U0338151

国家自然科学基金“生物酶脱除煤炭中有机硫的机理研究”(51474012)项目资助
国家自然科学基金“多拷贝基因工程菌气化煤炭的机理研究”(52174231)项目资助
安徽省自然科学基金“基于微波场的炼焦煤脱硫热力学及其反应动力学研究(2008085ME144)”项目资助

炼焦煤介电性质研究及其在微波脱硫中的应用

蔡川川 著

中国矿业大学出版社
·徐州·

图书在版编目(CIP)数据

炼焦煤介电性质研究及其在微波脱硫中的应用 / 蔡川川著. —徐州：中国矿业大学出版社，2021.9

ISBN 978-7-5646-5133-6

Ⅰ. ①炼… Ⅱ. ①蔡… Ⅲ. ①高硫煤－焦煤－燃煤脱硫－研究 Ⅳ. ①TQ520.62

中国版本图书馆 CIP 数据核字(2021)第 195320 号

书　　名　炼焦煤介电性质研究及其在微波脱硫中的应用
著　　者　蔡川川
责任编辑　褚建萍
出版发行　中国矿业大学出版社有限责任公司
（江苏省徐州市解放南路　邮编 221008）
营销热线　(0516)83884103　83885105
出版服务　(0516)83995789　83884920
网　　址　http://www.cumtp.com　**E-mail**:cumtpvip@cumtp.com
印　　刷　苏州市古得堡数码印刷有限公司
开　　本　787 mm×960 mm　1/16　**印张** 9.25　**字数** 201 千字
版次印次　2021 年 9 月第 1 版　2021 年 9 月第 1 次印刷
定　　价　41.00 元
（图书出现印装质量问题，本社负责调换）

序

炼焦煤是我国的稀缺煤种。炼焦时残留在焦炭中的硫会使钢铁热脆，同时降低高炉生产能力；焦化过程产生的SO_2会腐蚀设备，污染环境。这些都限制了高硫炼焦煤的使用。有效脱除炼焦煤含硫组分，对充分利用炼焦煤资源、保护环境具有重大意义。

煤中有机硫存在于煤有机分子结构中，由于煤有机结构的复杂性，各种煤炭脱硫方法主要是脱除煤中的无机硫，对有机硫脱除效果有限。目前对煤中有机硫的研究主要关注含硫官能团的辨识以及在利用过程中硫的化学变迁。煤中有机硫定向脱除的关键是深入认识各种含硫组分在煤有机质中的赋存规律，阐明煤有机结构与相应含硫基团和结构间的作用类型与作用规律，解析典型有机含硫组分的化学结构、硫键和相关结构对不同形式的外加能量的化学物理响应规律，从而找到有机硫的脱除机理和方法。

微波是频率在 300 MHz～300 GHz 的电磁波，即波长在 100 cm 至 1 mm 范围内的电磁波。微波作为一种高能量辅助反应手段，可以加快反应速度，提高反应产率，促进一些难以进行的反应发生，已在很多领域得到广泛研究与应用。微波脱硫是一种体加热方式，具有非热谐振效应，是煤炭有机硫脱除的一种探索方法。煤中杂质组分脱除的本质是外界输入能量克服杂质组分与煤本体之间结合能的过程，不同的杂质组分具有不同的结合能。煤微波辐照下脱硫基于微波的穿透性和微观靶向能量作用。对煤及其含硫组分的微观化学结构、介电性质及其差异性和表征方法的研究是煤微波脱硫的基础。研究微波频率、功率和耦合谐振方式等条件与硫组分解离效应的匹配，可为微波辐照下煤中硫组分的降解脱除提供科学理论和方法指导。

该书作者近年来在炼焦煤介电差异性方面做了大量的基础研究工作，在煤炭含硫特性、微波脱硫条件优化、煤中硫元素迁移量子化学计算等基础理论和工程实践的研究方面积累了一定的理论基础。

本书是作者多年的研究成果，实验探索与理论模拟相结合，内容丰富，立题新颖。相信该书的出版能够为有效脱除炼焦煤中有机硫提供理论借鉴，以期降低硫在炼焦煤利用过程中的危害，更大限度地节约我国稀缺炼焦煤资源。

安徽理工大学　教授　博士生导师

前　言

中国是世界上最大的煤炭生产国与消费国，煤炭占我国各种化石燃料资源总储量的95%以上。2020年原煤产量累计39亿t[1]。在煤炭资源中人们较为关注的是炼焦煤，即气煤（含气肥煤、1/3焦煤）、肥煤、焦煤、瘦煤四个煤种的资源，因为炼焦煤是钢铁工业必不可少的原料，煤的焦化又是煤炭综合利用的重要途径。

中国炼焦煤储量约为2 700亿t，占全国查明煤炭资源储量的27%左右，去除高灰、高硫、难分选、不能用于炼焦的部分，优质的焦煤和肥煤资源稀缺，分别约占查明煤炭资源储量的6%和3%[2]。越来越多的企业为解决这一问题，开始使用高硫炼焦煤。而煤中硫含量的增加，会增加生产中脱硫装置的工作负荷，降低高炉生产效率，同时影响焦炭品质和钢铁品质，焦化过程中产生的SO_2也会污染环境[3]。可见，煤中含硫组分限制了高硫炼焦煤的有效使用。

在我国，在我国煤炭资源中，中高硫煤的比例约占33%，有机硫约占整个硫含量的30%～50%[4,5]。煤中有机硫含量高是多年来制约煤炭综合利用的主要原因，开展稀缺炼焦煤资源提质利用的基础研究是缓解我国炼焦煤供需矛盾的重要途径。脱除煤中无机硫主要采用煤炭分选加工的方法，该方法脱硫效率高、成本低，但对煤中有机硫的脱除效果甚微。目前在煤中有机硫的脱除方面还没有成熟的技术，如何脱除炼焦煤中有机硫是亟待解决的问题。

微波场具有独特的加热方式、微波化学催化作用及非热效应，近年来微波的研究与应用已涉及工农业等许多领域。微波场作用是一种独特的“体”加热方式，微波加热以光速渗入物体内部，即时转变为热量，节省了长时间加热过程中的热量损失。微波化学研究表明，微波可以加快化学反应，而且在一定条件下还可抑制某个方向反应的发生。微波对化学反应的影响除了温度场的影响外，还存在所谓的“非热效应”。随着人们对环境问题的日益重视以及微波具有高效、清洁、能耗低、污染少、加热均匀、操作简便等特点[6]，越来越多的学者开始将微波技术用于煤炭的脱硫。目前微波脱除煤中硫的研究集中于微波脱除煤中的无机硫，对利用微波脱除煤中有机硫的机理缺少研究，对微波脱除煤中有机硫最佳的实验条件缺乏认知。对于微波脱硫的微观机理，特别是对其介电响应方面的研究较少。对其反应机理和最优工艺条件尚无明确认知，尤其无法确定微波脱硫的最佳工作频率、微波脱硫的影响因素。

煤在微波辐照下脱硫是基于微波的穿透性和微观靶向能量作用以及不同介质具有吸收不同频率微波能这一物理性质。在给定微波频率和微波场强的条件下，煤质吸收功率与其复介电常数的虚部 ε'' 成正比[7]，选择某一特征的微波频率是脱硫的关键，对煤及其含硫组分的微观化学结构、介电性质及其差异性的研究是煤微波脱硫的基础。

基于上述分析，本书以“国家重点基础研究发展计划(973 计划)——低品质煤大规模提质利用的基础研究”为研究基础和背景。利用 XPS(X 射线光电子能谱)对我国典型高硫煤样含硫组分赋存状态、相对含量进行测定分析，明确煤中有机硫类型及含量；筛选相应含硫模型化合物；利用传输反射法在 0.2～18 GHz 频段范围内对典型高硫煤样及含硫模型化合物开展介电性质测试，明确典型样品微波响应频率，考察介电响应影响因素，总结响应规律；结合微观量子力学理论，利用量子力学计算软件计算含硫键几何性质，搜索含硫键断裂反应过渡态，确定最佳反应路径，考察外加能量场下反应过渡态能量变化；从微观角度解析微波脱硫机理；开展典型高硫煤种微波辐照实验，建立微波辐照条件与微波脱硫反应的匹配关系，研究微波对煤中含硫化学键的解离作用和脱硫效果，筛选合适脱硫助剂，寻求煤中有机硫微波脱除的最佳途径。为微波脱除炼焦煤中有机硫及高硫煤的提质利用提供科学基础和理论依据。研究有利于推动微波脱硫的技术进步和发展，有利于更多更好地回收稀缺炼焦精煤资源，具有重要的学术意义和实用价值。

安徽理工大学蔡川川

2021 年 5 月

目　录

1 绪　论

1.1 高硫炼焦煤微波脱硫研究的意义

我国煤炭储量虽然丰富，煤种齐全，但炼焦煤的储量有限，特别是在炼焦过程中起骨架作用的焦煤和肥煤更是稀缺煤种。据统计，在我国煤炭储量中，炼焦煤仅占27%，炼焦煤中，气煤占58%，肥煤占12%，焦煤占16%，瘦煤占13%，未分牌号煤占1%，也就是说，作为冶炼用的重要煤种，焦煤和肥煤在我国煤炭总储量中所占的比例仅为7.56%，属于十分稀缺的珍贵煤种[8]。近年来我国炼焦煤消费量逐年增加，年均增幅超10%。炼焦煤消费中，国内市场主要是钢铁行业和焦化行业，这一部分消费占95%以上，且消费态势呈快速增长。随着世界经济的增长，特别是亚洲、非洲等国家经济的增长，钢材消费量快速增长，钢铁产量的增大使得炼焦煤供求更加紧张。此外，高炉大型化发展在促使吨铁煤耗下降的同时客观上要求扩大焦、肥煤炼焦配比以满足大型高炉对入炉焦炭冷、热态强度的要求，这又进一步扩大了对优质炼焦煤资源的需求。到2020年年底，全国焦炭产量超4.7亿t[9]，面对优质炼焦煤资源的短缺，越来越多的焦化企业开始使用高硫炼焦煤。

高硫炼焦煤的使用直接导致配煤中硫含量增加。硫是煤中主要有害元素之一，在一般情况下，焦炭的硫分每增加0.1%，焦比就会升高1.5%左右，高炉生产能力降低2%～2.5%，石灰石用量约增加2%，此外，还使生铁质量降低，钢锭硫分大于0.07%即成废品[10]。同时焦化过程产生的SO_2会腐蚀设备，污染环境。因此，我国焦化厂要求炼焦配煤的硫分不得超过0.1%。

硫在煤中以无机硫、单质硫、有机硫的形式存在。煤中的无机硫主要来自矿物质中各个含硫化合物，主要包括硫化物、硫酸盐和少量的元素硫。无机硫多以孤粒附着或夹杂、包裹和嵌布形式与煤结合在一起，主要为物理作用。因此,煤中无机硫的脱除相对容易和简单,可通过物理方法脱除[11]。

有机硫是指与煤的有机结构相结合的硫,由于煤的有机质化学结构十分复杂,因此煤中有机硫的组成结构也极为复杂。煤中有机硫的存在形态远比无机硫的存在形态复杂,因此对热稳定性的差异也很大。一般情况下,脂肪族的硫醇、硫醚等在较低的温度下析出,而芳香族的硫醇、硫醚则在较高的温度下析出,芳构化的噻吩结构更稳定,析出的温度更高。有机硫的分解机理中认为C—S键的断裂是非常重要的,对于低温分解的有机硫,这种说法可以解释。但是对于高温分解的有机硫,析出机理存在很大差异,如芳构化的C—S键很难断裂,因此在分离过程中将以整体官能团的形式脱离。微波脱硫是一种利用煤中不同组分对微波响应差异而达到脱硫目的的方法。自 1978 年 Zavitsanos[12] 申请第一项微波脱硫的专利以后,国内外学者在微波脱硫方面开展了大量的试验研究,通过微波辐照,添加助剂以及结合超声、微生物等手段,煤中无机硫脱除率达 90%以上,有机硫脱除率在 50%~90%。目前,大多数微波脱硫研究均是基于宏观实验,对于微波脱硫的微观机理,特别是对其介电响应方面的研究较少。对其反应机理和最优工艺条件尚无明确认知,无法确定微波脱硫的最佳工作频率、微波脱硫影响因素。

选择某一特征的微波频率是脱硫的关键,对煤及其含硫组分的微观化学结构、介电性质及其差异性的研究是煤微波脱硫的基础。因此,认知炼焦煤含硫组分赋存类型,通过介电差异分析和微观模拟,总结炼焦煤对微波介电响应规律,利用分子动力学软件模拟研究外加场对微波脱硫反应过程的影响规律,对于煤炭微波脱硫实验开展具有指导意义,对有效脱除炼焦煤含硫组分、充分利用炼焦煤资源、保护环境具有重大意义。

1.2 煤炭脱硫技术的研究

1.2.1 煤炭的物理脱硫

物理脱硫是煤燃烧前脱硫方法,从大的方面分为干法和湿法,湿法脱硫主要包括跳汰法、重介质法和浮选法。一般包括三个过程:煤炭的预处理、煤炭的分选、产品的脱水。把产品与废渣分离的过程是煤炭净化系统的中心环节，其原理一般是根据煤与杂质的颗粒大小、密度以及表面物理化学性质的差异，在一定的设备和介质中实现的。干法脱硫主要包括干式重选、静电干法和干式磁选等方法。煤炭的物理净化法只能降低煤炭中灰的含量和黄铁矿硫的含量，不能脱除煤炭中的有机硫[13]，同时，物理脱硫对煤质中高度分散的黄铁矿作用有限。

1.2.2 煤炭的化学脱硫

煤炭的化学脱硫方法既可以脱除煤中大部分的黄铁矿硫，还可以脱除有机硫。化学脱硫的方法很多，以下是几种目前研究较广泛的方法。

1. 熔融苛性碱浸提脱硫法

该方法是将煤破碎至一定粒度，然后按一定比例与苛性碱混合，在惰性气体保护下将煤碱混合物加热到 200～400 ℃使苛性碱熔融，煤中含硫化合物和苛性碱发生化学反应，煤中的硫反应转化为可溶性的碱金属硫化物或硫酸盐，再通过稀酸溶液和水将这些可溶性硫化物脱除，达到脱硫的目的。

2. 化学氧化脱硫法

按照实验所用氧化剂种类的不同，氧化脱硫法可分为空气氧化法、氯氧化法、双氧水加醋酸氧化法、冰醋酸加过氧化氢氧化法、高锰酸钾氧化法、次氯酸钠氧化法、铜盐氧化法等。该方法是基于氧化反应的脱硫方法，在一定的条件下氧化剂与煤进行反应，煤中硫组分反应为溶于酸或水的产物。

文献[14]利用冰醋酸加过氧化氢氧化法脱除煤中有机硫，实验过程是将高硫煤磨至一定粒度后，置于反应容器中，加入一定比例冰醋酸和过氧化氢的混合液，在一定温度下进行脱硫反应，经过一段时间相互作用后抽滤分离得脱硫煤滤饼，经水洗除掉残留氧化剂，干燥后得到脱硫煤。试验结果显示：当反应温度为 104 ℃，煤的粒度小于 0.23 mm，冰醋酸和过氧化氢体积比为 1∶1，煤和氧化剂为 3 g∶50 mL，反应时间为 1 h 时，原煤脱硫率最高，达60.8%。

3. 溶剂萃取脱硫法

该法是将煤与有机溶剂按一定比例混合，在惰性气氛保护下加热、加压(或常压)处理,利用有机溶剂分子与煤中含硫官能团之间的物理、化学作用,将煤中硫抽提出来的脱硫方法。

目前研究较多的溶剂萃取脱硫方法有乙醇超临界萃取脱硫法、一水合三氯乙醛萃取法、四氯乙烯萃取法等。下面简单介绍四氯乙烯萃取法。四氯乙烯分子式为 C_2Cl_4,又叫全氯乙烯,英文名为 Perchloroethylene,简称 PCE。其密度为 1 624 kg/m^3,沸点为 121 ℃,是一种无色、不燃的有机溶剂。PCE 易进入煤的微孔结构,由于其特殊的对称型分子结构,PCE 溶剂对于煤中的硫组分具有极强的溶解力,100 g 的 PCE 可以溶解 66 g 元素硫。PCE 脱除煤中无机硫主要是以其自身为重介质,通过对煤进行浮沉分选预处理脱除煤中部分 FeS_2 硫。PCE 法脱除有机硫是基于化学反应和萃取相结合的机理。煤中桥型和链型 C—S 键在萃取条件下与进入煤的微孔中的 PCE 分子发生作用而断裂,形成了非稳态的活泼硫元素,不稳定的硫可以被 PCE 溶剂萃取出来。文献[15]表明在最佳工艺条件下,该方法原煤有机硫脱除率可达 50.2%。

化学脱硫方法虽然能脱除无机硫和一部分有机硫,且脱硫效率较高,但是化学脱硫法一般均需要高温、高压和强氧化-还原条件,其设备及操作费用较高,同时在这样的反应条件下,煤的结构、黏结性容易被破坏,热值损失大,使精煤的用途受到限制,难于在工业上大规模应用。

1.2.3 煤炭微生物脱硫

微生物脱硫是利用微生物能够选择性氧化无机硫和有机硫,从而脱除煤中硫组分的方法。该方法可同时脱除煤中的硫化物和氮化物,还可专一性地脱除结构复杂、嵌布粒度极细的无机硫[16]。

目前常见的微生物脱硫方法有以下三种。

1. 微生物表面氧化处理法

该方法把微生物处理技术与选煤技术结合起来,即微生物表面预处理+浮选脱硫法。将微生物加入煤泥水溶液中,由于微生物只附着在黄铁矿表面,黄铁矿表面变成亲水性,同时不改变煤的疏水性,从而达到煤粒与黄铁矿分开的目的。该方法能够大大缩短处理时间,提高浮选效率。

2. 生物浸出法

浸出法的原理是,利用某些嗜酸耐热菌对黄铁矿直接氧化或者通过细菌代谢产物对黄铁矿间接氧化，使黄铁矿转化成可溶性硫酸进入溶液，达到脱硫目的。过程中发生的反应为：

$$2FeS_2+7O_2+2H_2O=\!=\!=2FeSO_4+2H_2SO_4$$

$$4FeSO_4+O_2+2H_2SO_4=\!=\!=2Fe_2(SO_4)_3+2H_2O$$

$$FeS_2+Fe_2(SO_4)_3=\!=\!=3FeSO_4+2S$$

$$2S+3O_2+2H_2O=\!=\!=2H_2SO_4$$

3. 微生物选择性絮凝法

该方法利用细菌对不同矿物絮凝能力的不同，采用疏水的细菌吸附于煤粒表面，使煤粒形成稳定的絮团，实现分离。

微生物脱硫目前面临的问题主要是微生物菌选择、微生物菌失活及其对温度的敏感性、脱硫产物的处理等。可以通过遗传工程等途径选择和培养高效的脱硫菌并对脱硫废液进行综合处理等解决上述问题。

1.2.4　煤炭微波脱硫

煤炭微波脱硫是基于不同介质具有吸收不同频率微波能的这一物理性质达到脱硫目的的。

煤是一种非同质的混合物，混合物中复介电常数虚部不同，使煤在微波辐射下能够进行选择性的加热和化学反应[17]。文献[18]指出，煤中黄铁矿的介电损耗数值大约是不含黄铁矿的纯煤的100倍，这种性质差异使得置于微波场中的黄铁矿介电加热速率明显地超过从黄铁矿到煤的传热速率，这即是微波辐射的内外同时加热特性，微波加热十分迅速，且不会引起煤质结构的变化。用微波辐照的方法不仅能脱硫，还能避免煤的特性变异。

1967年，Williams报道了用微波可加快某些化学反应的实验研究结果，从此各国研究者开始重视用微波加快和控制化学反应，并开始对微波化学处理脱硫展开研究。

微波最早应用于煤炭脱硫是在1978年，Zavitsanos[12]申请了一项微波脱硫的专利，该专利阐明：当微波功率为500 W，频率为2.45 GHz，辐射时间为40～60 s时，煤中无机硫分解，释放出 H_2S 和 SO_2 气体，50%的硫被脱除。该方法引起了各国科研工作者的关注，随后更多的学者对不同地区、不同变质程度的煤样开展微波辐照脱硫研究。翁斯灏等[19-21]针对硫铁矿在微波条件下的变化情况开展研究，认为微波辐照能够激励黄铁矿向磁黄铁矿转化，提高磁选效率；穆斯堡尔谱测试显示硫铁矿经辐照后，其电子结构、成键性质均发生明显变化。尹义斌[22]在2.45 GHz、500 W条件下对义马煤样进行微波辐照脱硫，辐照20 s，无机硫脱除31.98%，有机硫脱除6.69%。丁乃东等[23]考察了不同煤种、粒径、试剂种类以及微波辐照条件对脱硫效果的影响，重点考察了硫铁矿硫的脱除效果。结果表明，微波脱硫速率快，脱硫率较高，反应条件温和，体系温度较低，脱硫后对煤炭性质基本无影响。

反应气氛对于煤中含硫组分的脱除效率及硫产物形态有较大影响，部分学者对在不同反应气氛中的微波脱硫进行了研究：Kirkbride[24]在微波脱硫的反应体系中同时引入H_2参与反应，煤和氢气混合后经微波辐照，最终产生的气体为未反应的H_2、H_2S、NH_3和水蒸气，达到脱硫的目的。Rowson等[25]将煤粉用强碱溶液浸润后，再在惰性气体中用微波辐照脱硫，结果显示，大多数煤经两次照射后即可脱去70%以上的硫。1992年Weng等[26]将原煤在惰性气体中通过微波照射后再用酸洗，以脱除煤中的无机硫。Ferrando等[27]将原煤先用HI溶液浸渍，通入H_2后用微波照射，发现微波强化脱硫速度更快，同时还避免了原煤因局部过热造成的损失。

1979年，Zavitsanos[28]申请了另一个新的微波脱硫专利：将碱与原煤混合后再进行微波辐射脱硫，将煤的粒径磨至75～150 μm，与碱混合，混合物经微波辐照后水洗，结果显示，约有97%的黄铁矿硫和有机硫被脱除。这一研究开拓了外加化学助剂下微波脱硫的实验研究。Hayashi等[29]将煤和熔融的KOH和NaOH混合后经微波辐射，研究发现煤中硫的脱除速度能显著提高。Jorjani等[30,31]将煤样在过氧乙酸中浸泡后再利用微波辐照的方法进行脱硫反应，研究证明了微波能够加速过氧乙酸的脱硫率，煤中质量分数66.75%的全硫被脱除。在其随后开展的一系列研究中，特定条件下有机硫脱除率达到40%，无机硫脱除率达到90%，针对实验数据进行多元回归分析，得到预测实验效果的数学模型。Waanders等[32]将南非煤和300 g/L的NaOH以1∶3质量比混合，放置在650 W的微波下辐照10 min，对产物进行射线衍射和穆尔斯堡谱测试。对比分析发现，煤中硫含量降低40%，且煤中Fe—S的结构未发生变化。国内最早开展微波助剂脱硫研究的是华东理工的杨笺康等人[33]，他们利用废碱液作为浸提剂，经微波 2 次辐照后，脱硫率最高达 85％，脱硫率随着碱量增加也有所提高。赵庆玲等[34]认为微波照射提高了熔融烧碱进入煤基体的传质速率，能够提高煤的脱硫速度。赵爱武[35]采用微波苛性碱浸出法脱除煤中硫，发现可达到较理想的脱硫效果，能够脱除一定的有机硫。程荣等[36]采用穆斯堡尔谱分析以 NaOH 为助剂的微波脱硫效果，认为：在辐照过程中 FeS_2 一部分转化为 $Fe_{(1-x)}S$，为煤粉磁选和后续处理提供了便利条件。赵景联等[37]研究了微波辐射冰醋酸和过氧化氢氧化法联合脱除原煤中有机硫的技术，为脱除煤中有机硫开辟了一条新途径。盛宇航等[38]在加入不同浸提剂的条件下，进行了微波辐照脱除煤中硫的试验研究。结果表明，以 NaOH 作为浸提剂，微波辐照能够有效地脱除煤中硫，且煤发热量损失极少，是一种有效的脱硫方式。罗道成等[39]将微波技术和硫酸铁氧化结合用于煤炭脱硫，在最优工艺条件下，煤中全硫脱除率为 62.4％，同时能降低煤中灰分，提高热值。2012 年，李洪彪等[40]以北宿煤为原料，利用微波选择性加热的特点，考察了微波辐照时间、煤样粒径、NaOH 饱和溶液用量等因素对高硫煤磁性强化磁选脱硫的影响，同时考察了微波-NaOH 饱和溶液联合处理法对北宿煤磁选脱硫的影响。研究表明，不同粒径的煤样的最大脱硫率存在一个最佳微波辐照时间，而微波-NaOH 饱和溶液联合处理法脱硫效果更为显著。米杰等[41]用超声波和微波辐射法在氧化体系下，对北京、王庄、兖州、临汾煤进行了氧化脱硫研究。试验结果表明，超声波和微波结合可达到较好的氧化脱硫效果，超声波作用时间和功率、微波作用时间和功率、煤样粒度、氧化剂类型以及氧化剂用量对煤中有机硫的脱除率有较大影响。韩玥[42]发现甲醇和 *N*,*N*-二甲基乙醇胺等脱硫剂对煤中有机硫的脱除效果较好，此两类脱硫剂具有协同效应，配合使用可以增强煤中硫的脱除效果；超声波和微波的辐照作用可以增强有机硫的脱除效率。

随着实验设备的发展，人们发现微波的选择性加热和超声波的空化作用结合能够更好地改善实验条件，部分学者开展了微波结合超声波脱硫的试验研究。杨永清等[43]用超声波和微波辐射法在四氯乙烯体系下，采用气相色谱/质谱仪对北京煤、王庄煤、兖州煤和临汾煤萃取液进行分析，研究发现超声波和微波联合氧化法是一种有效的脱除有机硫的方法，煤的脱硫率随着超声波辐照时间的延长呈上升趋势。不同煤样在超声波和微波作用下具有不同的脱硫效果，可能与煤中硫的有机硫形态有关。王建成等[44]运用超声波和微波的强化作用，在酸性介质下对煤进行了脱硫研究，采用正交实验法考察了煤质量分数、氧化剂用量等几种因素对煤脱硫率的影响。煤脱硫率的主要影响因素存在一定的主次顺序：超声作用功率＞煤浆中酸的用量＞超声时间＞煤质量分数＞脱硫剂用量。魏蕊娣等[45]考察了氧化剂配比、微波辐照时间、超声波联合微波等因素对煤中有机硫脱除效果的影响，发现不同氧化剂配比有不同的脱有机硫效果；随着微波辐照时间的延长，有机硫脱除率增加；先超声波后微波的有机硫脱硫效果好于先微波后超声波脱有机硫脱硫效果。超声波在微波脱硫中的辅助作用是利用超声波的乳化作用增大煤的润湿程度及可溶性，另外，超声波的空化作用能够使煤中含硫官能团产生大量自由基，生成大量有机碎片，使得硫的脱除变得容易[46]。

微生物脱硫存在反应周期长的缺点，将微波技术应用于微生物脱硫中有望解决这一问题。程刚等[47]研究了煤粉粒径、煤浆浓度、初始 pH 值、嗜酸氧化亚铁硫杆菌接种量、微波辐照时间、脱硫周期等因素对微波预处理和微生物联合脱硫效果的影响，结果表明微波技术应用于微生物脱硫可以大大缩短微生物脱硫周期，为开发新脱硫工艺提供了参考。叶云辉等[48]系统地考察了煤粉粒径、煤浆浓度及初始 pH 值对微波辅助白腐真菌脱硫效果的影响，同时还总结了脱硫过程中硫化物的转化规律。研究结果表明，微波辐照作用能够缩短脱硫周期，提高有机硫的脱除率，煤中的全硫、无机硫和有机硫脱除率分别达到 52.06％、51.61％和 54.22％。

除此之外，部分学者针对微波辐照能提高活性炭脱硫效果开展了探索性研究。Błażewicz[49]发现用微波辐照活性炭，当温度达到 950～1 100 ℃时，活性炭微孔体积和中孔面积会明显降低，同时活性炭表面的酸性基团数量减少而碱性基团数量增加，这有利于活性炭对酸性气体 SO_2 的吸收。江霞等[50]采用微波辐照技术对煤质活性炭进行加热，通过实验发现，微波辐照后的活性炭可以大大提高其脱硫性能。赵毅等[51]、马双忱等[52,53]对微波应用于烟气脱硫的原理和技术进行了进一步研究，结果表明通过微波等离子技术、微波改性活性炭和微波诱导催化活性炭技术，可高效去除烟气中的硫。钟丽云等[54]、原永涛等[55]认为，微波辐照活性炭烟气脱硫技术不但可以消除 SO_2 的污染，而且还可以回收硫资源，实现环境、社会和经济效益的统一。

1.3 煤炭介电性质研究

1.3.1 煤炭介电性质研究现状

目前国内外介电性质研究主要集中于吸波材料、铁电、压电陶瓷的介电性质研究，煤炭介电性质研究主要研究井下煤岩的介电性质，用于物探技术和井下安全防治方面，而用于指导煤炭微波脱硫实验的介电性质研究较少。

煤炭介电性质和其自身变质程度有很大关系，王宏图等[56]对不同变质程度煤样的介电性质进行了测试，发现不同变质程度煤的介电常数差异较大，同一测试频率下无烟煤的介电常数是烟煤的 3 倍以上。章新喜[57]于 1994 年对不同变质程度煤样的介电常数进行了研究。结果表明，低变质程度煤的介电常数较高；随着煤化程度增加，介电常数减少，到中变质程度的烟煤阶段，介电常数最低；随着煤化程度的进一步加深，介电常数又开始增加，在无烟煤阶段介电常数迅速增加。冯秀梅等[58]研究表明，无烟煤和烟煤均属于电阻型吸波材料，在 2～18 GHz 微波频率段(测试温度 25 ℃)，无烟煤的 ε' 随着频率增加而减小，ε'' 随着频率增加先增加后减小；烟煤的 ε' 和 ε'' 几乎不随频率变化而变化。无烟煤的 ε' 和 ε'' 大于烟煤的 ε' 和 ε''，是由于介电常数与煤的大分子结构相关，变质程度越大，自由电子数量越多，且其活动性越强，ε' 和 ε'' 越大。褚建萍[59]通过对不同煤化程度煤的介电性质的研究，指出不同煤化程度煤的介电常数有较大差异，中变质程度烟煤介电常数较小，而低变质程度的褐煤和高变质程度的无烟煤介电常数较大。在电选机上分选实验结果表明，电选对中变质程度的烟煤有较好的分选效果，可以有效脱除煤中黏土矿和黄铁矿等有害杂质。徐龙君等[60]采用微扰法在微波谐振器中以小式样方式测试了白皎煤的介电常数，认为描述煤的变质程度用煤大分子中碳原子的物质的量分数比用碳的质量分数更为合适。白皎无烟煤的介电常数及介质损失角正切值均随碳原子的物质的量分数的升高而增大，微波频率范围内随着频率的升高而减小。综上可见，变质程度高的煤样和变质程度低的煤样均有较高的介电响应。这是由于在低变质程度的褐煤结构中，孔隙较多，含水量大，水的介电常数很大，所以褐煤介电常数较大；随着煤的变质程度增大，煤结构变得致密，孔隙减少，水分含量降低，介电常数减小；变质程度继续增大至无烟煤阶段，此时由于结构中自由电子数增加，活动性增强，因此也具有较高的介电常数值。

国外关于煤炭介电性质与其变质程度关系的研究也很多，基本规律和大多数国内研究结果一致。Misra 等[61]对不同变质程度的阿尔贡煤的介电常数进行了研究，研究结果表明随煤炭变质程度的增加，煤样的内在水和介电常数均下降，褐煤含水量高于烟煤。Marland 等[62]采用圆形谐振腔法测定英国煤的介电性质，研究结果表明，随煤炭变质程度的增加，其介电常数降低，这是因为低变质煤含有大量水分而具有较高的介电常数；煤样的介电常数高于除硫铁矿以外的其他矿物质，黄铁矿的存在会增加煤炭的介电常数。Balanis 等[63]研究表明，无烟煤相对于烟煤有更大的电导率和更高的介电常数。Giuntini 等[64]研究发现，在 200～400 kHz 范围内，不同煤阶的 ε' 均随温度升高略有升高，只是无烟煤在高于 300 kHz 后增加较快。Brach 等[65]总结认为，煤的极化率为非晶质、BSU 和杂原子三部分极化率之和，但杂原子通常较少可忽略。鉴于此，Brach 等研究了 8 种煤的极化率，并发现它随 H/C 增加基本上呈线性下降。

井下煤岩介电性质的研究对于井下安全生产、预测判断瓦斯突出、分析煤岩应力等具有指导作用。吕绍林等[66]对煤体介电常数的研究表明：同一变质程度的煤，瓦斯突出煤体与非突出煤体的介电常数相差较小，特别是烟煤，不同结构类型的介电常数在同一频率条件下相差不大。何继善等[67]在对四个矿区的煤样进行了电阻率测试的基础上，也对介电常数进行了测试，认为不同煤体结构类型的同一种煤介电常数相差不大，特别是无烟煤几乎相差无几。孟磊[68]于 2008 年利用 LCR 法在低频(0～120 kHz)范围内研究常规条件下和外加力场条件下煤电性参数的变化规律。对采自代表不同变质程度(气肥煤、贫瘦煤和无烟煤)的三个矿区的煤样在不同温度、湿度和频率下进行了电性参数的测定(电阻率和介电常数)，获得了不同应力下煤样的介电差异。Wang 等[69]研究单轴压缩下破坏煤样的电性质，研究表明介电常数变化曲线和压力曲线有很好的一致性，电阻率变化曲线呈“凹”形，介电常数呈“凸”形。介电常数变化率与煤样内部结构、裂缝闭合、破裂程度等有关。

另外,煤样介电性质随环境温度变化会出现一定规律性变化。万琼芝[70]于1982年采用超级恒温器对煤样进行加温,在频率为1 MHz时,对不同温度(实验温度为室温到120 ℃)条件下煤的介电常数进行了测定。结果发现,煤样介电常数随着温度的增加而降低。徐宏武[71]于2005年采用并联谐振法在1 MHz和160 MHz频率处对我国多处煤岩层电性参数进行了研究,指出不同变质程度的煤、岩层,介电常数随温度的升高都有不同程度的减小;大部分煤和煤层围岩的介电常数随着测试频率的升高而减小,无烟煤和煤层围岩变化较大,烟煤变化较小;各种变质程度的煤及岩石,在低频段表现分散,在高频段趋于一致。Li等[72]在100 Hz、120 Hz、1 kHz、10 kHz和100 kHz处研究温度对阳泉煤电性质的影响,研究发现:煤样导电系数和介电常数都随着温度升高而降低,型煤介电常数和导电系数均小于原煤。Peng等[73]在24～900 ℃,氩气保护的热解过程中,在915 MHz和2 450 MHz频率下对西弗吉尼亚煤样的介电常数进行测定,结果表明在500 ℃以下,介电常数保持常数;随着温度升高,挥发分释放,导电系数增大,介电损失增大。热解过程有助于煤炭吸收微波能量。

不同频率处电介质极性响应不同,表现出介电差异性,这也是不同煤样对不同微波段具有不同的吸收能力的原因。肖金凯[74,75]利用谐振腔微扰法对100多种天然矿物介电性质进行了测量,结果表明,在微波段(λ=3.2 cm),ε'和ε''的变化范围为2到4个数量级;在低频段,它们的变化范围更大;在光频段,它们的变化则较小。结构水对矿物的介电性质影响不大,吸附水严重干扰矿物岩石的介电特征。周良筑[76]于1998年在2 470～2 540 MHz频率范围内研究了煤和浸提剂的介电性质,认为与大多数浸提剂相比煤的介电常数要低很多,且大部分浸提剂溶液随浓度增加,其ε'降低,ε''增大,这种变化在低浓度下较快,高浓度下较慢。Nelson等[77]研究煤粉在1 MHz～12 GHz(22 ℃)时的介电性质与频率变化规律,指出介电常数随着频率增加而呈现有规律的降低,且和密度有对应关系。含硫高的黄铁矿复介电常数在50 MHz以下有较大值,随着频率增加至微波频段而降低;相反,含硫高的黄铁矿在低频段复介电常数较低,且随着频率升高而增加。

由于水是强极性物质,在常温下具有较高的介电常数[78,79],所以煤样中的水分含量也是影响其介电性质的一个主要元素。随煤的变质程度增高，煤中水分的含量减小。低变质程度的褐煤、长焰煤等水分含量比其他烟煤高出几倍和几十倍，所以水分对褐煤、长焰煤的介电常数影响很大，对烟煤、无烟煤的影响比较小。并且不同煤种的介电常数受水分的影响不同，有的增加有的减小，且变化幅度都比较小。

有文献研究表明，矿物岩石的复介电常数实部 ε' 可以按照下式计算[70]：

$$\varepsilon' = P \times \varepsilon_0 \times \varepsilon_W \times S_W \tag{1-1}$$

式中，P 为矿物岩石的孔隙率；ε_0 为干燥状态下孔隙率为零时矿物岩石的复介电常数实部；ε_W 为水的复介电常数实部；S_W 为矿物中吸附水的体积百分比。

Wang 等[80]通过建立模型研究了煤中内在水对煤的介电各向异性的影响，将徐州烟煤在 2.45 GHz 微波炉内辐照，在 1 kHz 频率下对其内在水分和介电常数进行测定。结果表明，随辐照时间增加，内在水含量降低，介电常数在轴向以同心圆分布。Hakala 等[81]研究了加热过程中频率、变质程度、水分、温度等对格林河油页岩介电性质的影响。他们发现在 200 ℃以下，复介电常数的实部和虚部均随着频率增加而减小，至高频段保持不变；200 ℃以上，复介电常数的实部随温度升高而增加，虚部保持平稳。实部和虚部最大值均与变质程度有关。含水量增大，复介电常数增大。

1.3.2 煤岩介电性质研究存在的不足

综上所述，目前国内外对于井下煤层、不同变质程度煤样的介电性质进行了大量的研究，探讨了煤岩介电性质与频率、温度、极化方式等因素之间的规律，在测试方法、规律认识上取得了很多成果，但由于受到研究条件和技术手段等因素的制约，到目前为止，依然存在一些问题。

研究对象方面：国内大多数研究是基于矿物探测、井下煤岩安全开展的，所以其研究对象多为井下煤层煤岩，部分基于微波脱硫开展的介电研究也多针对优质煤种，以稀缺的炼焦煤，尤其是低品质高硫炼焦煤作为研究对象的较少。

研究方法方面：介电测试多在低频段（Hz，kHz）开展，并非微波频段范围，对于微波脱硫实验无直接指导意义；而在微波段开展的介电研究，也大多是在固定频率（915 MHz/2 450 MHz）、固定温度（室温）下进行的，对于介电性质随频率变化规律总结存在不足。

研究机理方面:对于煤炭宏观介电响应规律与微波脱硫的微观机理归纳不足。

1.4 量子化学计算模拟

1.4.1 量子化学计算在煤的结构与反应性研究中的应用

量子化学是应用量子力学基本原理和方法在分子和电子水平研究化学问题的分支学科。煤的结构与反应性研究从动态看主要涉及分子间的相互作用与相互反应,属于量子化学计算内容。量子化学可分为基础理论、计算方法和应用三大部分。三者之间相辅相成,计算方法是基础理论与实际应用之间的桥梁。目前,量子化学的理论计算在部分体系中可以达到实验的精度,计算和实验已逐步成为科学研究中不可偏废、互为补充的重要手段[82]。利用第一性原理或半经验法对煤中分子结构开展模拟计算,研究其反应过程,能够加深对煤转化过程中污染组分的赋存和转化的认识,为煤的高效洁净利用提供理论计算基础[83]。量子化学对煤中分子单元结构要素的描述主要有以下几点:

(1) 量子化学计算方法能够较准确地对煤中污染组分分子模型的键长等几何参数进行计算[84]。

(2) 量子化学计算能够对煤中污染组分分子模型进行布居数分析,得到键级和重叠布居数等微观参数。污染组分化学键类型和强度是判断其断键位置及反应产物的重要参数[85]。

(3) 量子化学计算可以得到模型分子的最高占据轨道(HOMO)和最低未占据轨道(LUMO)的分布。HOMO 和 LUMO 与分子的化学反应位点有密切关系,可以通过这些指标判断和解释分子的加氢位点、氧化位点,为污染组分脱除研究提供理论上的预测[86]。

1.4.2 量子化学计算在煤的结构与反应性研究中的局限性

煤是一种结构极其复杂的无定形、非周期性物质,这种客观属性使得针对煤的量子化学计算的深入研究受到了局限。虽然量子化学计算比较精确，但是量子化学能够直接计算的体系必须具有确定、均一的结构。对于煤中硫分等污染组分脱除的量子化学研究，目前比较好的解决办法是根据污染组分的赋存规律研究结果来选择具有代表性的模型化合物开展量子化学计算。这种采用模型化合物替代煤中硫组分的研究方法看似很主观，却使得量子化学计算在煤的污染组分脱除研究上得到很大发展。

1.4.3 量子化学计算在煤的结构与反应性研究中的进展

近年来的研究表明，量子化学计算方法对于煤的结构、物理性质、反应机理和反应活性，都能提供系统而可信的解释并作出一些指导实践的预测，使得化学反应的探讨比较方便地从分子水平进入反应机理层次[87]。从这一点出发，人们在对煤中分子结构模型进行筛选的基础上，对煤中污染组分模型化合物的微观结构参数进行了计算，以获取其脱除过程中分子结构变化以及反应路径等信息。

研究发现，通过对含硫模型化合物开展模拟研究，搜索过渡态，模拟苯硫醇含硫键断键过程，可寻找到能量最优的断键反应路径[88]。孙庆雷等[89]通过分子力学和半经验量子化学计算方法对神木煤显微组分的分子结构模型进行了研究，比较了其镜质组和惰质组的能量构成、不同类型键的键长和键裂解能。计算结果表明，芳香碳与脂肪碳之间的裂解能高于脂肪碳与脂肪碳之间的裂解能，芳香碳与氧形成的醚键的裂解能高于脂肪碳与氧之间醚键的裂解能。而惰质组结构模型中除C—O醚键外，各键的裂解能均高于镜质组，说明惰质组比镜质组有较高的热稳定性。侯新娟等[90]采用半经验和abinitio等量子化学计算方法对Shinn构建的烟煤模型的片断计算表明，煤分子无论是热解还是加氢裂解，它所包含的苯环很难发生键的断裂或氢饱和。烟煤中的C—C、C—O、C—N和C—S单键是弱键，热解时容易断裂生成甲烷、乙烷等小分子物质。Olivella等[91]采用从头算方法对苯氧基自由基热裂解生成CO的两种可能的路径进行了研究，并采用过渡态理论近似地对苯氧基分解反应速率常数进行了计算，得到活化能为231.95 kJ/mol。

含硫模型化合物的量子化学研究对于煤中含硫组分的脱除具有很好的预测和指导作用。黄充等[92]对煤中噻吩硫的热解机理采用密度泛函方法进行了研究，计算结果表明，噻吩热解引发键是C—S键，最终产物为乙炔，含硫部分与 H 自由基结合生成 H_2S 逸出，这些计算结果和实验中观察到的现象相吻合[93,94]。目前关于煤中硫醚类、硫酚类化合物的量子化学计算研究较少。有研究者[95,96]对苯硫醇的热解进行了研究，得到主要产物为苯等。但是目前对苯硫醇微波辐照脱除的反应过程计算较少，硫的迁移和释放等过程还不了解。外加能量场条件下的动态反应过程研究更是少见报道。

本书通过对典型高硫炼焦煤含硫组分赋存规律的研究，选择代表性含硫模型化合物，开展了量子化学计算，通过模型化合物几何参数、化学键轨道计算预测反应断键位置。选择苯硫醇开展反应过渡态研究，确定最优反应路径，考察外加电场和溶剂条件下反应过渡态计算，模拟分析微波条件下苯硫醇响应断键机理。

1.5 选题与主要研究内容、技术关键

1.5.1 选题

高硫炼焦煤中含硫组分的脱除对于合理利用炼焦煤资源、保护环境具有重大意义。微波辐照用于煤炭脱硫的宏观实验研究工作取得了很大的发展，对于微波辐照脱硫实验条件选择、微波脱硫和其他脱硫方法协同研究等方面均有大量研究和总结。但是目前针对高硫炼焦煤微波脱硫研究依然存在一定的局限性，关于炼焦煤对于微波的响应规律研究存在的不足主要有以下方面：

(1) 大多数微波脱硫实验均是从宏观角度开展研究的，考察总结影响因素，并未从微观角度深入地揭示微波脱硫机理，对高硫炼焦煤微波段介电响应规律缺少研究，对于微波脱硫的最佳工作频率尚无明确认知。

(2) 对煤中的含硫组分及含硫大分子结构量子力学模拟计算研究不足，针对含硫模型化合物外加能量场下的动态反应过程量子力学模拟计算研究较少。

(3) 研究使用的微波绝大多数是 2.45 GHz 的连续波，对其他微波频段和使用脉冲微波调控脱硫的研究还是空白。

煤微波辐照下脱硫是基于微波的穿透性和微观靶向能量作用，对煤及

其含硫组分的微观化学结构及介电性质的研究是煤微波脱硫的基础。因此,必须在认识煤中含硫组分化学结构的基础上对煤及含硫模型化合物介电性质及其差异性开展研究。研究并掌握煤中有机硫对微波的响应规律,以推动和指导煤微波脱硫技术的发展。

1.5.2 主要研究内容

具体研究内容如下:

(1) 选择山西新峪矿、新阳矿、新柳矿高硫炼焦煤样,分析测定煤中硫的赋存状态,分析煤中有机硫类型和相对含量,在此基础上筛选与煤样匹配的具有代表性的有机硫模型化合物。

(2) 对典型高硫煤样及含硫模型化合物开展介电性质测试,研究外在条件下典型样品复介电常数变化规律,进行典型样品复介电常数的频率响应特性测试,明确典型样品微波响应频率,总结响应规律。

(3) 结合微观量子力学计算,计算含硫键几何性质,预测断键位置;搜索含硫键断裂反应过渡态,确定最佳反应路径,考察外加能量场下反应过渡态能量变化;分析微波脱硫机理,为微波脱硫工业化试验开展提供技术支持和理论指导。

(4) 开展典型高硫煤种微波辐照实验,考察测试煤样微波脱硫影响因素,筛选合适脱硫助剂,寻求煤中有机硫微波脱除的最佳途径。

1.5.3 拟解决的技术关键

(1) 确定典型高硫煤种及其硫组分在不同条件下的电磁特性;获知典型高硫煤种及其硫组分波能吸收频率范围;确定最佳脱硫频率。

(2) 获知含硫模型化合物几何参数,确定反应活化点,预测断键发生位置,确定硫脱除最优反应路径,总结外加能量场下含硫模型化合物反应变化规律。

(3) 初步探讨微波脱硫的微观机理,总结微波辐照条件与微波脱硫的匹配关系。

2 材料、研究方法及主要设备

2.1 试验材料

2.1.1 煤样采集与制备

选取山西炼焦煤作为研究煤种，采集汾西矿业新峪、新阳、新柳三矿原煤、精煤。所采煤样空气干燥后经筛分、浮沉实验分成不同粒度级和密度级煤样。根据测试和实验需求经制样机破碎制样，密封保存，用于各项测试分析以及微波脱硫实验。

由于各测试设备、实验方法对于煤样制备的要求不同，各项测试煤样制备方法详见各测试、实验章节。

2.1.2 模型化合物筛选

根据煤中有机硫 XPS 测定的含硫组分类型，同时配合介电测试对样品的物性要求，分别选取硫醇类（正十八硫醇）、硫醚类（二苯二硫醚）、噻吩类（二苯并噻吩）、砜类（二苯砜）、亚砜类（二苯亚砜）测试其介电性质，总结介电响应规律。

为确定含硫键的响应，同时选择结构相似但不含硫键的其他模型化合物十九烷、十八醇、氧芴等与含硫模型化合物对比分析。模型化合物基本物化性质见表 2-1。

表 2-1 模型化合物性质

模型化合物	分子式	结构式	性质
正十八硫醇	$C_{18}H_{38}S$	$CH_3—(CH_2)_{17}—SH$	熔点：25 ℃，沸点：204～210 ℃，密度：0.847 g/cm^3

表 2-1(续)

模型化合物	分子式	结构式	性质
二苯二硫醚	$C_{12}H_{10}S_2$	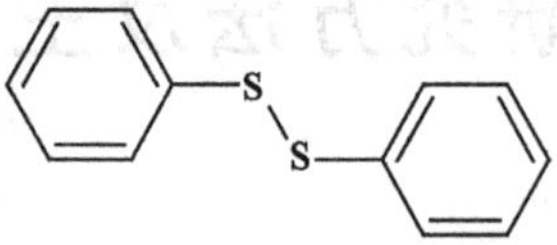	熔点:58～61 ℃,沸点:191～192 ℃,密度:1.22 g/cm^3
二苯并噻吩	$C_{12}H_8S$	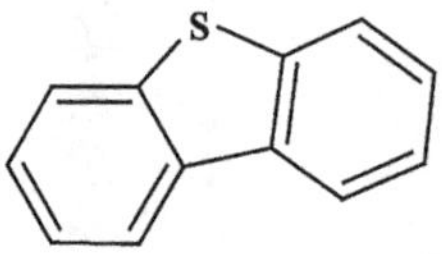	熔点:97～100 ℃,沸点:332～333 ℃,闪点:170 ℃
二苯亚砜	$C_{12}H_{10}OS$	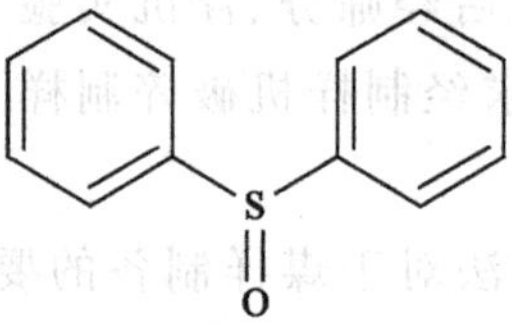	熔点:69～71 ℃,沸点:206～208 ℃,闪点:208 ℃
二苯砜	$C_{12}H_{10}O_2S$	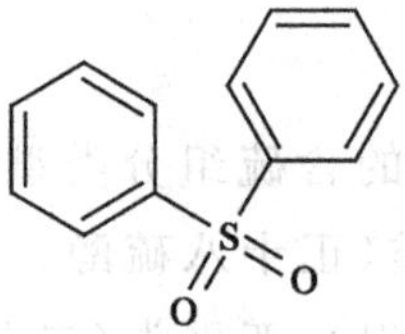	熔点:123～129 ℃,沸点:379 ℃,密度:1.252 g/cm^3
十九烷	$C_{19}H_{40}$	$CH_3—(CH_2)_{17}—CH_3$	熔点:32 ℃,沸点:330 ℃,密度:0.786 g/cm^3
十八醇	$C_{18}H_{38}O$	$CH_3—(CH_2)_{16}—CH_3OH$	熔点:59.4～59.8 ℃,沸点:210.5 ℃,密度:0.812 4 g/cm^3
氧芴	$C_{12}H_{10}O$	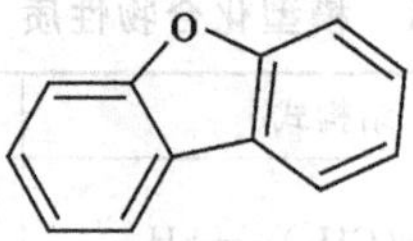	熔点:80～82 ℃,沸点:154～155 ℃,密度:1.3 g/cm^3

2.2 煤样试验分析方法及煤炭脱硫率计算方法

2.2.1 煤样试验分析方法

1. 煤样工业性质的测定

利用 WS-G410 自动工业分析仪对试样进行工业性质分析，工业性质分析结果见表 2-2。

表 2-2 煤样的工业性质分析数值

煤 种	$M_{ad}/\%$	$A_d/\%$	$V_d/\%$	$FC_d/\%$
新峪原煤	1.03	27.81	18.02	54.17
新阳原煤	2.1	29.60	31.54	38.86
新柳精煤	1.2	11.10	25.87	63.03

2. 元素含量测定

煤样 C、H、N 元素含量利用中国科技大学理化科学实验中心元素分析仪测定，S 元素含量利用全自动定硫仪测定，O 元素含量利用差减法获得。煤样元素分析结果见表 2-3。

表 2-3 煤样的元素分析数值

煤 种	C_{daf}	H_{daf}	O_{daf}	N_{daf}	S_{daf}
新峪原煤	84.21	4.45	6.65	1.52	2.68
新阳原煤	85.75	3.13	7.26	0.96	2.90
新柳精煤	85.16	4.53	7.39	1.32	1.60

3. 硫分的测定

全硫 $S_{t,ad}$ 应用湖南三德 SDS601 全自动定硫仪测定。

硫酸盐硫和硫化铁硫按《煤中各种形态硫的测定方法》(GB/T 215—2003)[97] 测定。具体如下：对硫酸盐硫，用稀盐酸煮沸煤样，浸出煤中硫酸盐硫，加入氯化钡溶液生成硫酸钡沉淀，根据硫酸钡的质量计算煤中硫酸盐硫含量；对硫化铁硫，用盐酸浸取煤中非硫化铁中的铁，浸取后的煤样用稀硝酸浸取，以重铬酸钾滴定硝酸浸取液中的铁，再以铁的质量计算煤中硫化铁硫的含量。

有机硫含量利用差减法计算。煤样各形态硫含量分析结果见表 2-4。

表 2-4 煤样的硫形态分析

煤　种	$S_{s,d}$/%	$S_{p,d}$/%	$S_{o,d}$/%	$S_{t,d}$/%
新峪原煤	0.18	0.76	1.74	2.68
新阳原煤	0.24	0.69	1.97	2.90
新柳精煤	0.10	0.01	1.49	1.60

2.2.2 煤炭脱硫率计算方法

脱硫率计算公式如下[14]：

$$\eta=(100W_y-\eta_j\times W_j)\times 100\%/(100W_y) \tag{2-1}$$

式中 W_y——原煤（反应物）硫分，%；

W_j——精煤（产物）硫分，%；

η_j——精煤产率，%，$\eta_j=\frac{m_a}{m_b}\times 100\%$；

m_a——煤样辐照前质量；

m_b——煤样辐照后质量。

2.3 XPS 分析技术

2.3.1 XPS 分析技术概述

XPS 也被称作化学分析用电子能谱，于 20 世纪 60 年代由瑞典科学家提出并逐渐发展起来[98]。XPS 具有较高的表面灵敏度，目前已成为表面元素定性、元素化学价态分析及半定量分析的重要手段。研究领域从传统的化学分析扩展到现代材料科学，广泛应用于纳米材料、电子材料、化学化工、机械等领域。

XPS分析技术取得了阶段性的发展。X射线源从激发能固定的射线源发展为单色化且连续可调的激发源；射线源由固定式发展为可扫描式；X射线的束斑直径也实现了微型化。这些都大幅度加强了XPS分析技术在微区分析上的应用。XPS分析技术在新材料研究上的应用也随着XPS图像技术的发展而得到扩展。

2.3.2 XPS分析技术的工作原理

光电离作用产生XPS，当样品表面受到一束有足够能量的X射线辐照时，样品中元素原子轨道上的电子因吸收X射线光子，能量增大，脱离原子核的束缚被激发，以一定的动能从原子内部发射出来，变成自由的光电子，失去电子的原子本身变成一个激发态的离子[99]。电离过程遵循能量守恒方程，即

$$E_K = h\nu - E_b - \varphi_s \tag{2-2}$$

式中 E_K——被激发出的光电子动能，eV；

$h\nu$——入射X射线光子的能量，eV；

E_b——特定原子轨道上的结合能，eV；

φ_s——能谱仪的功函数，eV。

能谱仪的功函数基本是一个常数，由其自身材料和工作状态决定，常见取值为3～4 eV，与待测样品无关。

X射线激发源的能量较高，可以激发出原子价轨道中的价电子以及芯能级上的内层轨道电子，原子轨道结合能与出射光电子和入射光电子的能量唯一相关。对于特定的原子轨道和特定的单色激发源，光电子的能量是确定的。对于固定的激发源能量，其光电子的能量仅与元素的种类和所电离激发的原子轨道有关。因此，可以根据光电子的结合能定性分析物质的元素种类。

2.3.3 XPS测试设备

煤样XPS测试在中国科技大学理化分析测试中心完成，采用的仪器是Thermo ESCALAB 250型X射线光电子能谱仪，X射线激发源为：单色AlKa($h\nu$=1 486.6 eV)，功率150 W，X射线束斑500 μm，能量分析器固定透过能为30 eV，以C1s(284.6 eV)为定标标准进行校正。图2-1是测试

仪器结构框图。

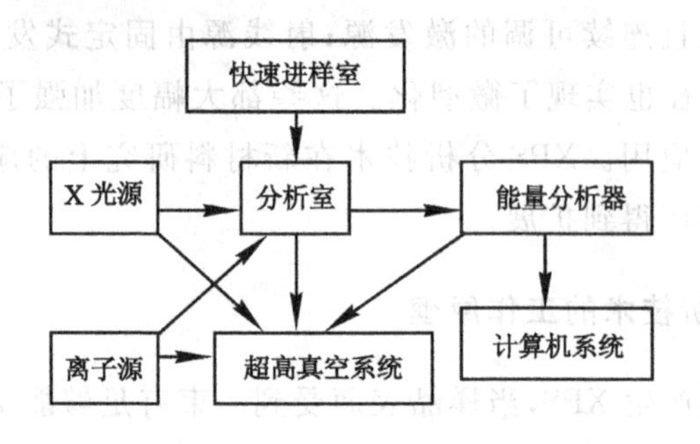

图 2-1　X射线光电子能谱仪结构框图

2.3.4　XPS 谱图的拟合处理

目前，XPS 谱图的拟合处理有多种方法可以使用，本书利用 XPS Peak 拟合方法拟合谱图，通过数据的分析处理，得到煤中硫的形态信息。拟合步骤如下：选取试验数据中合适的电子结合能及对应的计数两列数据，复制到记事本中，以 *.txt 格式保存。打开 XPSPEAK4.1 软件，点击菜单栏"Data"菜单，然后在下拉菜单中点击"Import(ASCII)"菜单，引入 *.txt 格式的文件中的数据，则出现相应的 XPS 谱图。点 Background，Type 选择 Shirley 类型，谱图中出现背景线，根据背景线选择硫谱图合理的 High BE 和 Low BE 位置。点 Add peak，在 Peak Type 处选择 p 峰类型，在 Position 处选择合理的峰位，本实验选择的是固定峰位，即在 Fix 前的小框中打钩。按照硫形态的不同结合能，依次添加峰值。本实验中由于个别峰不明显，设置了固定的峰宽，从而在谱图中可以更好地显现。修改参数后，须点击 Optimise Peak。点 Delete Peak 可去掉此峰。分峰设置完成后，点击 XPS Peak Processing 窗口中的 Optimise all，直到峰型拟合完毕。在 Data 中点击 Export(Spectrum)可输出.dat 文件，该文件可以在 Origin 软件中进一步修改完善。本实验选择 Data 中的 Export to clipboard 输出硫的 XPS 谱图，并可直接复制保存在 Word 文档中，同时输出分峰个数、峰位、峰面积、半峰宽等参数，简单明了，并可在后续操作中添加注释。

2.4 X射线衍射分析技术

X射线衍射分析技术是依据不同晶体结构的晶体受到X射线照射时出现特定的衍射图谱这一特性来鉴定结晶物质物相的方法[100]。

X射线衍射仪主要由X射线源、样品台、测角器、检测器和计算机控制处理系统组成。X射线管和探测器同时做圆周同向转动，探测器的角速度是X射线管的2倍，这样可以使二者永远保持1∶2的角度关系。探测器的作用是使X射线衍射强度转变为相应的电信号，一般采用的是正比计数管，通过过滤器、定标器等处理后最终得到衍射强度为2θ的衍射曲线。将分析试样的X射线衍射数据与粉末衍射标准联合委员会提供的各种物相的标准卡片对照，就能找出试样中所包含的物相种类。

X射线衍射分析技术近年来越来越多地用于煤的结构分析，研究者们根据煤的衍射图谱来确定煤的物相组成。本书利用X射线衍射仪测定煤中矿物质种类及相对含量。

2.5 介电性质测量

2.5.1 微波频段复介电常数测量方法

1. 谐振腔法

谐振腔法是根据待测样品放入谐振腔前后谐振腔性质变化来计算介电常数的方法。该方法主要测试介质放入谐振腔前后谐振频率和品质因数的变化，再通过计算获得样品介电常数。

1989年，Hutcheon[101]研制了两套变温测试系统，利用TM_{0n0}实现了室温到1 000 ℃的复介电常数测试，1992年他又将测试温度扩展到1 400 ℃[102]。2001年，Carter发展了谐振腔微扰理论[103]，将较小被测介质材料置于谐振腔内，对腔内进行微小的扰动，通过测定扰动前后谐振腔性质，推算复介电常数。Carter利用麦克斯韦方程推导出微扰方程，同时指出了微扰方程的使用条件和误差范围。

常用的谐振腔有矩形谐振腔、圆柱谐振腔和环形谐振腔。

谐振腔法测量准确,对于高复介电常数和低损耗复介电常数介质比较适用。但是该法对于待测介质的尺寸结构要求较高,耦合装置也必须精确设置,才能保证准确的测试结果。

2. 自由空间法

自由空间法是 Cullen[104] 于 1987 年提出的一种有效获得自由空间测量的电磁参数的反演方法,计算基础是菲涅尔反射定律。Ghodgaonkar 等[105]随后对自由空间法做了基于投射天线方案的理论说明。1998 年,Munoz 等[106]研究了电磁波入射角度对点参数测量结果的影响。2002 年,Tamyis 等[107]实现了在频段 8～12.5 GHz 反射系数的测量,其所采用的总段开路短路法主要借鉴了传输线匹配原理。

自由空间法通过矢量网络分析仪和收发天线构成开放空间测试系统,通过测量矢量反射系数和传输系数,或者测量不同入射角、不同极化方式下的矢量传输系数来确定样品的复介电常数。自由空间法的测试系统如图 2-2 所示。

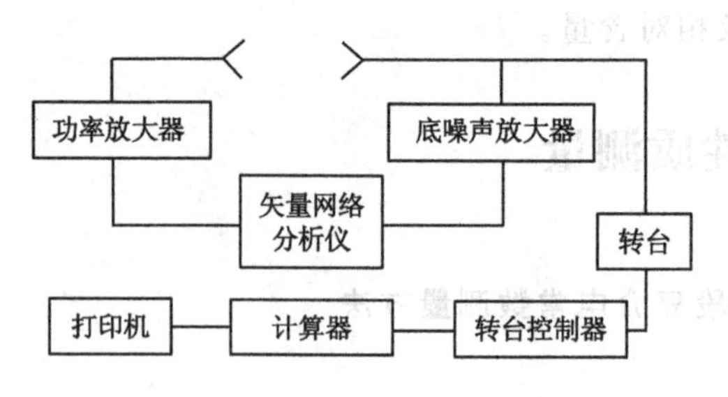

图 2-2　自由空间法测试系统

自由空间法主要适合高频段对高损材料的测量,优点是可以满足非均匀物质在高温条件、非接触测量条件下的测试。主要缺点是样品边缘易发生衍射效应及喇叭天线的多重反射问题,这就对待测样品的制作有严格的要求,需提供一块平坦的、双面平行的、面积足够大的样品以减少电磁波绕射的影响。

3. 传输反射法

传输反射法是 20 世纪 70 年代由 Nicolson、Ross 与 Weir 等人提出的[108,109]。该法具有测量操作简单、测量频段宽、测试精度较高、测量样品可为任意长度等优点，对全轴系统和波导系统都适用，可分为矩形波导型、同轴型、微带线型和带线型，一般用于测量介质在 0.2～18 GHz 频率范围的电磁性质。

传输反射法是将介质样品放置在一段均匀波导或同轴线内，仅需对测试样品安装一次，通过对样品进行散射参数的测试来测定其复介电常数。填充介质后的波导构成一个互易双端口网络，其散射参数的信号流图如图 2-3 所示。

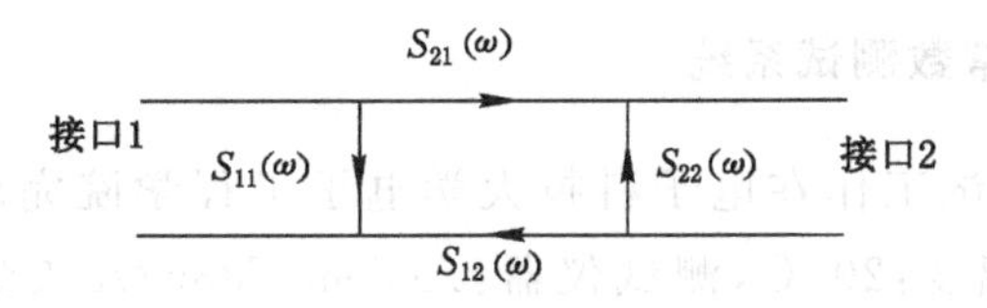

图 2-3 散射参数信号流图

此时，根据边界条件就能利用下列方程将散射参数、反射系数 Γ 和传输系数 T 联系起来：

$$S_{11}(\omega)=\frac{(1-T^2)\Gamma}{1-T^2\Gamma^2} \tag{2-3}$$

$$S_{21}(\omega)=\frac{(1-\Gamma^2)\Gamma}{1-T^2\Gamma^2} \tag{2-4}$$

这里，反射系数是指材料无限长时在 Z_0（无介质时的特征阻抗）与 Z_1（有介质时的特征阻抗）之间的反射系数，传输系数为有限长材料中的传输系数。利用矢量网络分析仪测得的散射参数，利用式(2-4)可以得到反射系数和传输系数，进而计算得到复介电常数。阻抗与相对介电常数和相对磁导率之间存在关系，根据阻抗可表示出反射系数和传输系数，进而可以建立反射系数和传输系数由相对介电常数和相对磁导率表示的关系式，据此可由反射系数和传输系数求出相对介电常数和相对磁导率。此处不考虑磁导率特性，即只测试复介电常数。

通过散射参数得到复介电常数：

$$\varepsilon_r=\frac{\left(\frac{1}{\Lambda^2}+\frac{1}{\lambda_c}\right)\lambda_0^2}{\mu_r} \tag{2-5}$$

其中，

$$\frac{1}{\Lambda^2}=-\left[\frac{1}{2\pi d}\ln\left(\frac{1}{T}\right)\right]^2 \tag{2-6}$$

将测得的散射参数、传输线尺寸及材料尺寸代入即可得到：

$$\varepsilon_r = \varepsilon' - j\varepsilon'' \tag{2-7}$$

传输反射法的校准方法和测试方法与测试一般双端口网络器件的方法一致，因而测试和校准的实现比较容易，而且能通过网络分析仪进行4个散射参数的全面测试，以消除两个端面的差异。

由于煤及其典型含硫模型化合物具有较高损耗，同时待测频带很宽，因此本书选用网络参数法中的传输反射法开展介电测试。

2.5.2 复介电常数测试系统

介电性能测试工作在电子科技大学电子工程学院完成。测试频率：0.2～18 GHz，温度：20 ℃，测试仪器：Agilent E8363A矢量网络分析仪。本书所用测试系统连接示意图见图2-4。

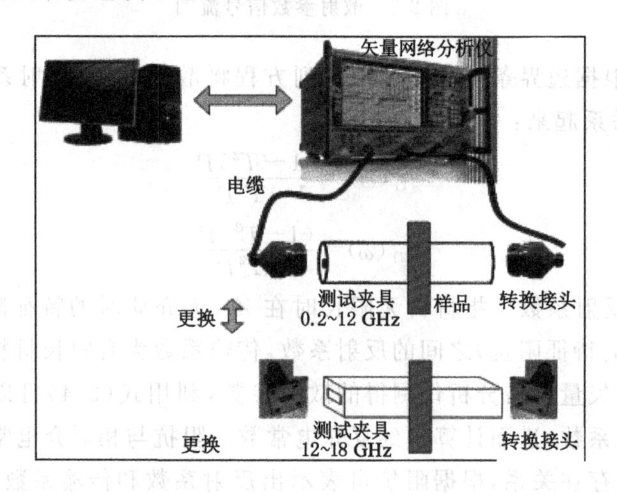

图2-4 介电性质测试系统示意图

使用的测试系统包括校准件、测试样品、外购的转换接头、计算机、Agilent Technology E8363B矢量网络分析仪、相关夹具等。采用普通计算机进行控制，在计算机上加装一张IEEE GPIB488接口卡，通过该卡的接口与矢量网络分析仪相连，从而按照程序的要求对它们进行自动控制、数据采集。采集的数据又回传给控制计算机进行数据处理，输出测试结果。实验室连接好的测试系统见图2-5。

图 2-5　介电性质测试系统

测试前将待测样品和石蜡按照质量比 1∶1 来配料，在水浴锅 70 ℃下加热混匀，然后再干压成外径 7 mm、内径 3.04 mm、厚 2 mm 的同轴圆环待测样。制备好的煤粉样品如图 2-6 所示。

图 2-6　制备好的待测煤粉样品

按照图 2-7 将制备好的样品放置在测试夹具中。

对不同接头的测试须分别进行校准。校准后将制备好的样品连接到仪器两端口间。连接过程中应特别注意对齐对准，测量同轴样品时连接如图 2-8 所示。

具体测量流程如图 2-9 所示。

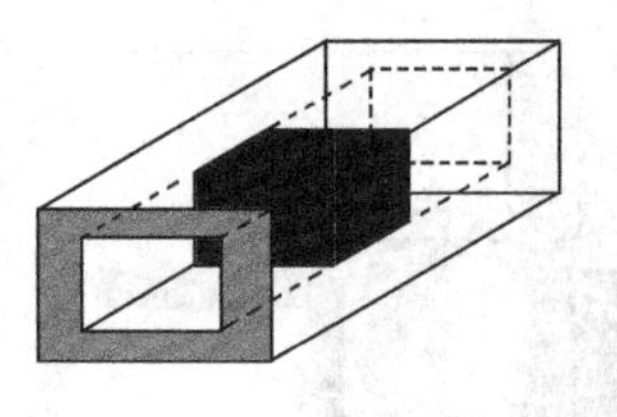

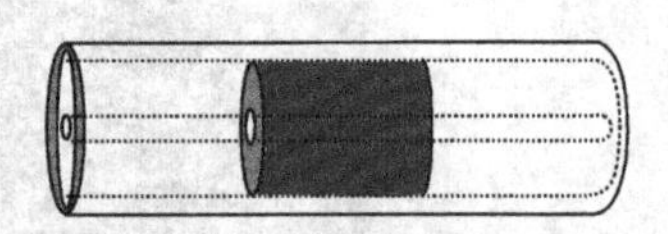

图 2-7　材料测试夹具及材料在夹具中放置示意图

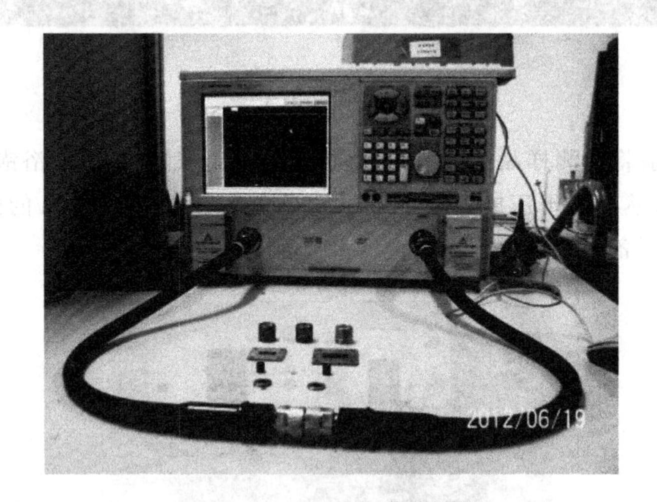

图 2-8　样品测试连接图

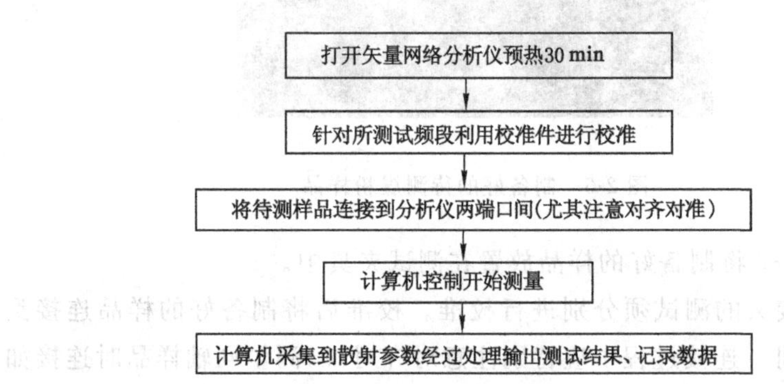

图 2-9　测量流程框图

2.6 量子化学计算软件简介

本研究量子化学计算主要是在美国 Accelrys 公司开发的可运行于 PC 机上的新一代材料计算软件 Materials Studio 上完成的，该软件可帮助研究人员解决当今化学及材料工业中的许多重要问题。Materials Studio 模拟的内容包括了化学反应机理、催化剂、固体及表面等材料和化学研究领域的主要课题。

1. Materials Studio 软件简介

Materials Studio 是专门为材料科学领域研究者开发的一款可运行在 PC 上(软件界面图)的模拟软件。模拟的内容包括化学反应材料和化学研究领域的主要课题，诸如聚合物、催化剂、固体及表面、晶体与衍射等。采用 Materials Studio 软件进行计算已经取得许多研究成果，如：聚合物的研究[110-112]，催化剂表面吸附的研究[113]，反应过程机理研究[114-118]，纳米材料的性能研究，煤结构与反应性以及煤化工过程中的反应机理研究[119,120]。

2. 本书所用模块简介

Materials Visualize 是 Materials Studio 产品系列的核心模块，能够提供搭建分子、晶体及高分子材料结构模型所需要的所有工具，可以观察、操作及分析结构模型，处理文本和表格等各形式的数据，同时能够支持 Materials Studio 的其他模块。本书通过 Materials Visualize 构建含硫模型化合物分子结构用于性质计算，构建过渡态反应物及生成物结构用于过渡态搜索，预测反应路径。

DMol3 是 Materials Studio 的量子化学模块之一，用于密度泛函计算，当前版本 DMol3 可以模拟气相、溶液、表面以及固体环境中的过程，可用于研究均相催化、分子反应、分子结构等，也可用于预测蒸气压、溶解度、熔解热、混合热配分函数等性质。本书利用 DMol3 对所构建的模型化合物分子进行几何结构优化，计算基本性质，预测断键位置，并开展典型含硫模型化合物过渡态搜索，获得煤中含硫组分迁移脱除的反应路径。

在我们的研究中，首先应用 Visualizer 模块对模型进行构建，然后采用 DMol3 模块对典型含硫模型化合物结构性质进行过渡态搜索，明确其最佳化学反应路径，为研究微波脱硫条件选择提供微观指导。

2.7 微波辐照实验设备

微波辐照实验所用的 WX20L 型微波设备由南京三乐微波技术发展有限公司提供，设备频率有 915 MHz 和 840 MHz 两种。2 450 MH 微波实验设备为课题组购置的 WD650B 型微波器。下面简单介绍 WX20L 型微波设备。

2.7.1 用途和特性

WX20L-19 型微波发生器为大功率微波设备，它由磁控管和相应的电源组成，功率连续可调。该微波发生器能与各种微波应用设备配套使用，可对木材、纸张、食品、烟草、中成药、化工等多种物料进行干燥和杀菌或催化，用途较广泛。主要操作在控制台上进行。

2.7.2 主要技术参数

1. 输入电源参数

输入电源参数如表 2-5 所示。

表 2-5 输入电源参数

电压	电流	频率	视在功率
380 V±5%，三相	45 A/相	50 Hz±1%	≤35 kV·A

2. 使用条件要求

WX20L-19 型微波发生器使用条件如表 2-6 所示。

表 2-6 WX20L-19 型微波发生器使用条件

使用条件	参数值
负载电压驻波比	≤2.5
环境温度	0～+40 ℃
相对湿度	≤80%

表 2-6(续)

使用条件	参数值
接地电阻	<2 Ω
环境气氛	周围无腐蚀性气体,尽量少灰尘
冷却水流量	≥16～18 L/min
冷却水压力	1～1.5 kgf/cm^2
海拔	<2 000 m

3. 磁控管阳极电源参数

磁控管阳极电源参数如表 2-7 所示。

表 2-7 磁控管阳极电源参数

电压/kV		电流/A
高档	12.5	0～2.5
中档	11	
低档	9	

4. 磁控管灯丝电源(交流可调、负高压)

磁控管灯丝电源参数如表 2-8 所示。

表 2-8 磁控管灯丝电源参数

电压	电流
0～13 V CT	0～120 A

5. 磁场电源(直流可调)

磁场电源参数如表 2-9 所示。

表 2-9 磁场电源参数

电压	电流
0～108 V	0～4.5 A

6. 微波频率

微波频率为915 MHz±25 MHz、840 MHz±25 MHz。

7. 微波功率

微波功率≥20 kW,连续可调(驻波比<1.5)。

2.7.3 基本部件和工作原理

该微波发生器由电路部分和微波器件部分组成。电路部分包括控制保护电路、阳极电源、灯丝电源、磁场电源等。微波器件部分包括磁控管、电磁铁、上级靴、下级靴、激励腔等。磁控管得到各组电源所提供的电场和磁场,产生电子振荡,形成电磁波。电磁波由激励腔耦合送至微波应用设备,并在应用器内将微波能转换为物质的热能,从而实现对物料的加热、干燥、杀菌、催化等作用。微波功率连续可调。原理框图见图 2-10。

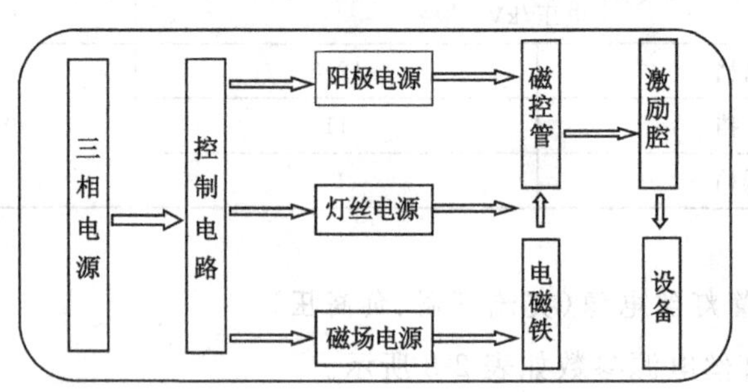

图 2-10 WX20L-19 型微波发生器原理框图

2.8 试验用主要仪器及设备汇总

(1) XSB-70A 型 ϕ200 标准筛振筛机;

(2) SP-100×100 型颚式破碎机;

(3) XPM-ϕ120×3 三头研磨机;

(4) WS-G410 自动工业分析仪;

(5) LECO-TRUSEC 碳氢氮元素分析仪;

(6) SDS601 全自动定硫仪;

(7) ESCALAB 250 型 X 射线光电子能谱仪;

(8) MHX-5 型高温电炉；

(9) 日本岛津电子天平 AUX320；

(10) 2XZ-2 型真空泵；

(11) D/max-3B 型 X 射线衍射仪(日本理学 Rigaku 公司)；

(12) WD650B 型微波器；

(13) WX20L-19 型微波反应器；

(14) Agilent E8363B 矢量网络分析仪；

(15) Materials Studio 软件。

3 炼焦煤含硫组分测定分析

微波电磁场对极性物质具有诱导效应，并导致物质被加热和产生分子结构的化学物理效应。硫的赋存形态与化学结构决定了其在微波场中的响应特征。为此，研究煤中硫的分布、存在形式及含量分布对于采取何种脱硫方法有重要意义。

本章对煤有机质主体中含硫分子结构开展相关研究，利用 XPS 对煤及其含硫组分的微观化学结构进行分析。

3.1 煤样及测试分析

选取 2.1 节所述煤样中新峪原煤、新峪脱除无机硫原煤、6～13 mm 不同密度级煤样、新阳原煤、新柳精煤样。

煤样经缩分后称取约 6 g，破碎，研磨，过 200 网目筛，密封，分别进行 XPS 测试。

实验在中国科技大学理化分析测试中心完成，设备参数见 2.3.3。测试数据依照 2.3.4 所述方法拟合分析。

3.2 硫的 2p 结合能归属

根据 XPS 分析技术的工作原理，通过硫峰位置可以解析样品中硫的形态。许多学者对硫峰位置结合能进行了研究，陈鹏[121]、代世峰等[122]将煤中硫峰位置 2p 结合能数据总结如下：结合能在 169.0 eV 以上的可以认为是无机硫，在 167.0～168.0 eV 之间的为砜型硫，在 165.0～166.0 eV 之间的属亚砜型硫，在 164.0～164.4 eV 之间的认为是噻吩型硫，在 162.2～163.2 eV 之间的属于硫醇、硫酚型硫。朱应军等[123]认为在运用 XPS 分析煤中硫形态时，大多被分为四类，即硫醚（醇）类、噻吩类、（亚）砜类以及无机硫类等，其电子结合能分布范围分别为 162.2～164 eV、164～164.4 eV、165～

168 eV、169～171 eV。对文献[124]～[127]中相应结合能位置所归属硫形态的类型进行总结，如表 3-1 所示。

表 3-1 煤中硫形态归属

结合能/eV	硫形态归属	结合能/eV	硫形态归属
161.2	硫化铁	165.1	(亚)砜类
162.6	R—SH，硫醇	165.8	二苯氧硫
162.9	R—S—R，硫醇，硫醚	166.0	硫氧化物
163.0	硫醇，硫醚	167.1	亚砜，砜
163.7	多环苯硫化物	168.1	Ph—SO_3—Ph
163.8	二硫醚	169.3	硫酸盐
164.1	噻吩	169.6	硫酸铁盐
164.4	噻吩硫	170.8	石膏

3.3 测试结果及分析

3.3.1 新峪煤样

1. 新峪原煤全谱分析

新峪原煤煤样的 XPS 全谱谱图见图 3-1，图 3-2 为新峪煤样 S2p 谱图。谱图中纵坐标代表电子计数，横坐标为电子结合能。

可以根据不同峰的位置判断新峪煤样中主要存在的元素，图 3-1 中标出了 O、C、S 的峰。煤中 C 元素含量较高。图 3-2 是新峪煤样 S 元素的 XPS 谱图。由图 3-2 可见，特征峰主要分布在 163～166 eV 范围，说明煤样有机硫含量较高。结合能高于 169 eV 时出现很多杂峰，对应含硫形态为无机硫，无机硫峰面积较小，说明无机硫含量较少。图 3-1 对应的元素峰范围、最高峰位置、半峰宽及相对质量分数见表 3-2。

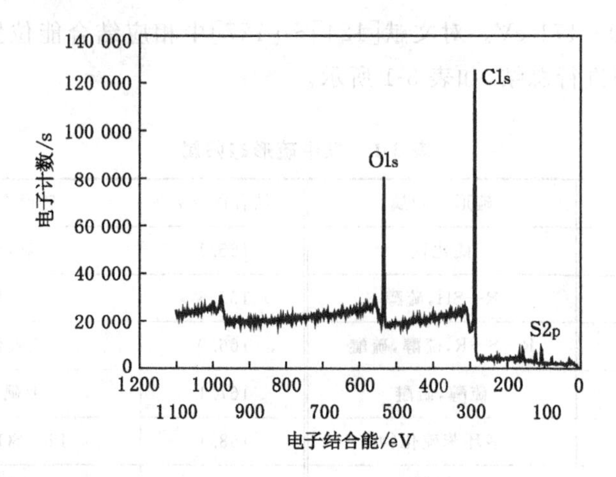

图 3-1　新峪煤样 XPS 全谱谱图

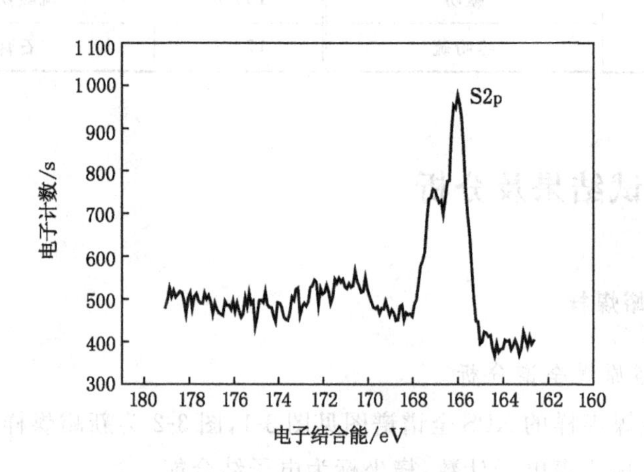

图 3-2　新峪煤样 S2p 谱图

表 3-2　新峪煤样中不同元素的分布

名称	起始位置 E/eV	中心位置 E/eV	结束位置 E/eV	半峰宽/eV	占比/%
C1s	294.25	284.58	281.85	1.32	79.62
S2p	173.2	163.81	160.9	1.16	2.63
O1s	536.6	532.82	528.95	2.18	14.2
Si2p	107.55	103.53	99.95	2.01	3.55

由表 3-2 可以看出，硫的最大结合能有效分布范围是 173.2～160.9 eV，最高峰位置出现在 163.81 eV。

2. 新峪原煤硫谱拟合分析

由于煤样无机硫含量较少，杂峰比较多，同时微波脱硫主要是脱除煤中的有机硫，所以本书只对 XPS 测试数据有机硫部分进行拟合处理，在选择扣底背景时 High BE 选择 167eV，Low BE 选择 161 eV，该结合能范围内硫形态归属均为有机硫。利用 XPSpeak 对煤样 S2p 有机硫测试数据进行拟合分峰，最佳拟合硫谱图见图 3-3。

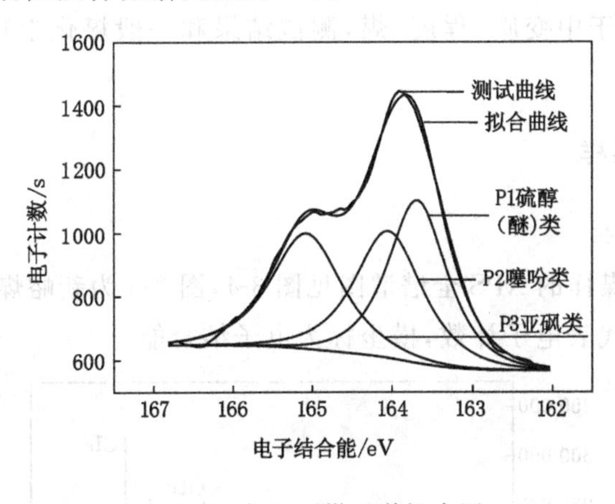

图 3-3　新峪原煤 S 谱拟合图

由图 3-3 可见，拟合曲线和测试曲线基本重合，拟合效果较好。硫谱有机硫部分经分峰拟合共分成 3 个能量不同的峰，分别标识为 P1、P2、P3。参考其结合能位置分别归属于硫醇、噻吩、亚砜类。三者半峰宽接近，峰面积大小也相差不大。可见该煤样三种类型有机硫含量差别不大，具体参数见表 3-3。

表 3-3　新峪煤样的 XPS 参数表

拟合峰	位置 *E*/eV	面积	半峰宽/eV	洛伦兹高斯参数	面积占比/%
P1	163.61	550.08	1.000	80	37.08
P2	164.10	477.91	1.01	80	32.21
P3	165.03	455.30	1.06	80	30.71

从表 3-3 可以看出，P1 可以认为是硫醇(醚)类，P2 为噻吩类，P3 应该是亚砜类。根据峰面积占比可知，硫醇(醚)是样品中硫的主要存在形态，各形态硫含量从大到小依次为硫醇(醚)类＞噻吩类＞亚砜类。

煤中有机硫的形态结构在低变质(程度)煤中主要以脂肪族硫化物为主，而在高变质(程度)煤中则主要以各种不同芳构化程度的噻吩结构为主。在煤化作用过程中，热力的作用会使不稳定的硫醚、硫醇等官能团产生转化或丢失，从而导致稳定的噻吩类有机硫含量相对增高。随着脂肪族硫含量降低和噻吩硫含量增加，二者含量趋于相等。新峪煤样的镜质组反射率为 1.3，属于中变质(程度)煤，测试结果和一般煤化学理论判断结果一致。

3.3.2　新阳煤样

1. 全谱分析

新阳原煤煤样的 XPS 全谱谱图见图 3-4，图 3-5 为新峪煤样 S2p 谱图。谱图中纵坐标代表电子计数，横坐标为电子结合能。

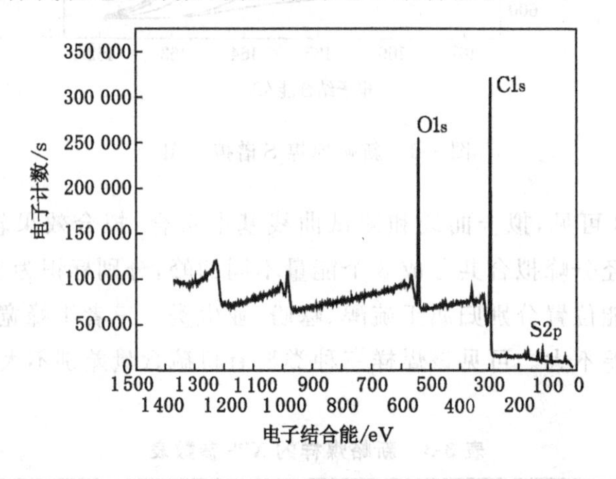

图 3-4　新阳煤样 XPS 全谱谱图

图 3-4 中标出了 O、C、S 的峰。煤中 C 元素含量较高。图 3-5 是新阳煤样 S 元素的 XPS 谱图，由图 3-5 可见，特征峰主要分布在 163～166 eV 范围，说明煤样有机硫含量较高。结合能高于 169 eV 时出现很多杂峰，对应含硫形态为无机硫，无机硫峰面积较小，说明无机硫含量较少。图 3-4

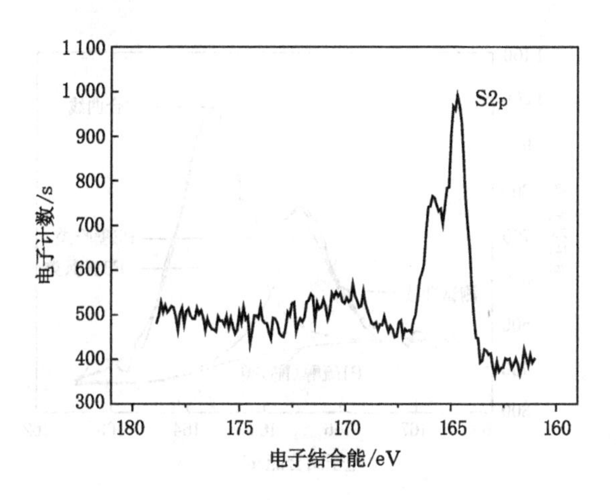

图 3-5 新阳煤样 S2p 谱图

对应的元素峰范围、最高峰位置、半峰宽及相对质量分数见表 3-4。

表 3-4 新阳煤样中不同元素的分布

名称	起始位置 E/eV	中心位置 E/eV	结束位置 E/eV	半峰宽/eV	占比/%
C1s	295.58	284.34	280.08	3.3	71.71
S2p	176.08	163.93	159.58	3.19	0.95
O1s	539.58	532.14	526.08	3.62	17.86
Si2p	108.8	103.02	96.08	3.42	3.62

由表 3-4 可以看出，硫的最大结合能有效分布范围是 176.08～159.58 eV，最高峰位置出现在 163.93 eV。

2. 硫谱拟合分析

同样对于新阳煤样有机硫部分进行拟合处理，选择扣底背景时 High BE 和 Low BE 分别选择 168 eV 和 161 eV，该结合能范围内硫形态归属均为有机硫。利用 XPSpeak4.1 对煤样 S2p 有机硫测试数据进行拟合分峰，最佳拟合硫谱图见图 3-6。

由图 3-6 可见，拟合曲线和测试曲线基本重合，拟合效果较好。硫谱有机硫部分经分峰拟合共分成 3 个能量不同的峰，分别标识为 P1、P2、P3。参考其结合能位置分别归属于硫醇(醚)类、噻吩类、亚砜类。三者半峰宽

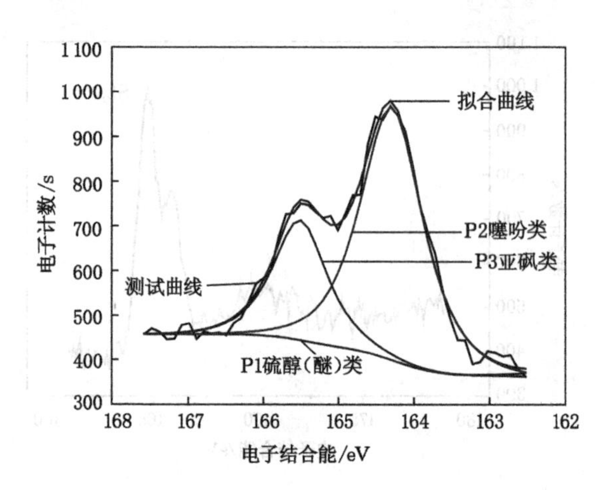

图 3-6 新阳原煤 S 谱拟合图

接近，具体参数见表 3-5。

表 3-5 新阳煤样的 XPS 参数表

拟合峰	位置 *E*/eV	面积	半峰宽/eV	洛伦兹高斯参数	面积占比/%
P1	162.01	30.08	1.000	80	2.88
P2	164.20	716.91	1.01	80	68.78
P3	165. 3	295.30	1.06	80	28.34

P1 可以认为是硫醇(醚)类，P2 为噻吩类，P3 应该是亚砜类。根据表 3-5 可知，新阳原煤有机硫形态主要为噻吩硫，硫醇硫醚类含量很低。各形态硫含量从大到小依次为噻吩类＞亚砜类＞硫醇(醚)类。原因可能是该煤样变质程度较高，不稳定的硫醚、硫醇等官能团转化为稳定的噻吩类硫。

3.3.3 新柳煤样

1. 全谱分析

新柳煤样的 XPS 全谱谱图见图 3-7，图 3-8 为新硫煤样 S2p 谱图。谱图中纵坐标代表电子计数，横坐标为电子结合能。

根据不同峰的位置判断新峪煤样中主要存在元素，谱图 3-7 中标出了

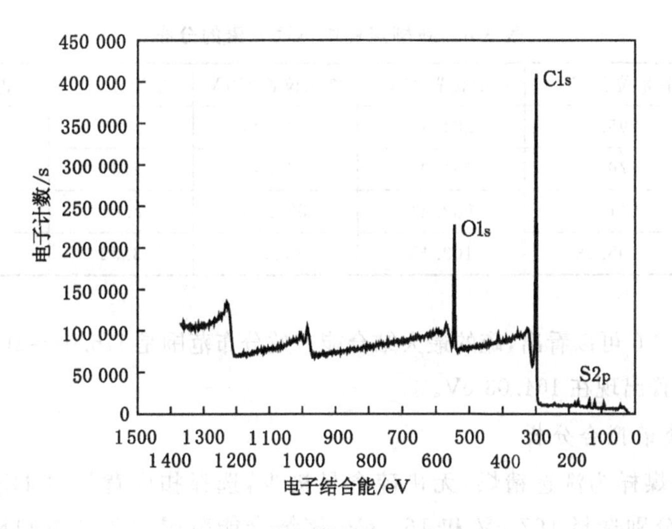

图 3-7 新柳煤样 XPS 全谱图

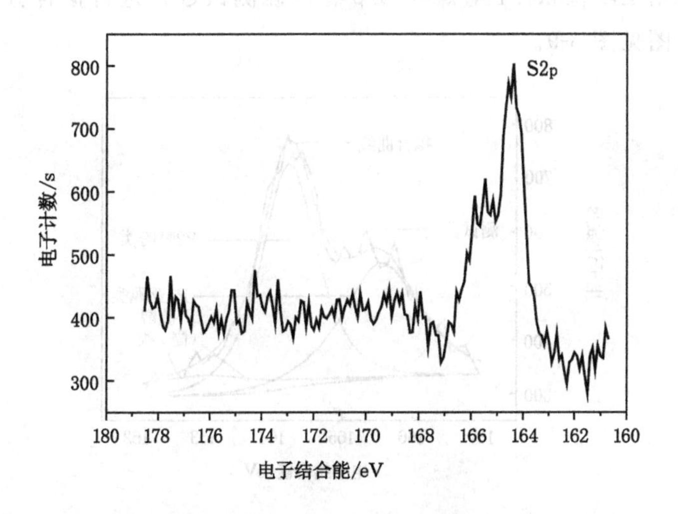

图 3-8 新柳煤样 S 谱图

O、C、S 的峰。煤中 C 元素含量较高。图 3-8 是新柳煤样 S 元素的 XPS 谱图，由图3-8 可见，特征峰主要分布在 163～166 eV 范围，说明煤样有机硫含量较高。图 3-7 对应的元素峰范围、最高峰位置、半峰宽及相对质量分数见表 3-6。

表 3-6 新柳煤样中不同元素的分布

名称	起始位置 E/eV	中心位置 E/eV	结束位置 E/eV	半峰宽/eV	占比/%
C1s	295.58	284.42	280.08	3.47	80.4
S2p	176.08	164.03	160.58	3.34	0.8
O1s	541.08	532.44	526.08	3.84	12.99
Si2p	108.58	103.15	97.58	3.52	1.86

由表 3-6 可以看出，硫的最大结合能有效分布范围是 176.08～160.58 eV，最高峰位置出现在 164.03 eV。

2. 硫谱拟合分析

新柳煤样为洗选精煤，无机硫含量极少，选择扣底背景时 High BE 和 Low BE 分别选择 167 eV 和 161 eV，该结合能范围内硫形态归属均为有机硫。利用 XPSpeak4.1 对煤样 S2p 有机硫测试数据进行拟合分峰，最佳拟合硫谱图见图 3-9。

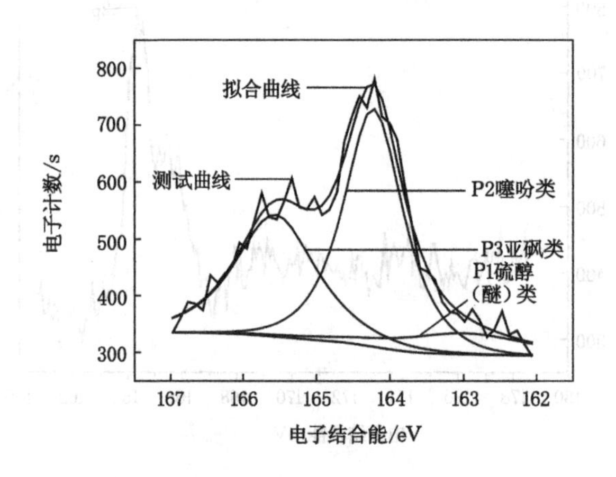

图 3-9 新柳煤样 S 谱拟合图

由图 3-9 可见，拟合曲线和测试曲线基本重合，拟合效果较好。硫谱有机硫部分经分峰拟合共分成 3 个能量不同的峰，分别标识为 P1、P2、P3。参考其结合能位置分别归属于硫醇(醚)类、噻吩类、亚砜类。具体参数见表 3-7。

表 3-7 新柳煤样的 XPS 参数表

拟合峰	位置 E/eV	面积	半峰宽/eV	洛伦兹高斯参数	面积占比/%
P1	162.01	100.08	1.000	80	10.91
P2	164.10	521.91	1.01	80	56.89
P3	165.31	295.30	1.06	80	32.20

从表 3-7 可以看出，P1 可以认为是硫醇(醚)类，P2 为噻吩类，P3 应该是亚砜类。根据峰面积占比可知，新柳精煤有机硫形态主要为噻吩硫，硫醇硫醚类含量很低。各形态硫含量从大到小依次为噻吩类＞亚砜类＞硫醇(醚)类。新柳煤样有机硫赋存结果和新阳煤样相似。

综合分析三矿煤样的 XPS 拟合结果，三种煤样有机硫类型一致，均为硫醇(醚)类、噻吩类、亚砜类；但是三者不同类型有机硫含量差异较大，新阳煤和新柳煤样中噻吩类含量较高，新峪煤样中硫醇(醚)类含量最多。

3.3.4 不同密度级煤样中硫的类型和含量变化

煤炭分选主要依据煤样密度差异，不同密度级煤样硫的类型和含量差异较大。分析不同密度级煤样有机硫类型和含量变化，对于微波有效脱除煤中有机硫具有一定指导意义。

选取新峪原煤中含量最多的 6～13 mm 粒度级的煤样，空气干燥，煤样按照 GB/T 478—2008[128]进行浮沉实验，所得各密度级煤样工业分析数据见表 3-8。

表 3-8 各密度级煤样工业分析数据

煤样密度/(g/cm³)	水分 M_{ad}/%	挥发分 V_{ad}/%	灰分 A_{ad}/%	固定碳 FC_{ad}/%
−1.3	1.01	18.36	4.86	75.77
1.3～1.4	0.99	17.24	11.46	70.31
1.4～1.5	0.98	15.71	17.20	66.11
1.5～1.6	0.89	15.55	27.31	56.25
1.6～1.7	0.92	15.29	34.87	48.92
1.7～1.8	0.92	17.31	37.04	44.73
+1.8	0.75	18.29	36.71	43.83

对各密度级进行 XPS 测试，利用 XPS Peak 4.1 软件拟合图谱，通过数据的分析处理，得到煤中有机硫的形态信息。各密度级煤样有机硫拟合谱图见图3-10（－1.3～＋1.8 g/cm³）。

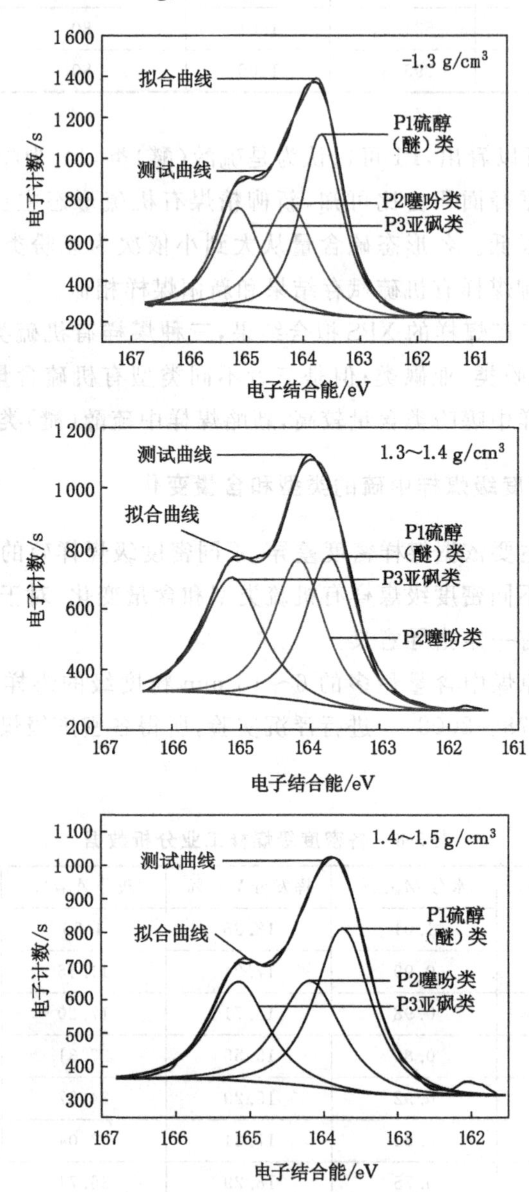

图 3-10　各密度级煤样拟合谱图

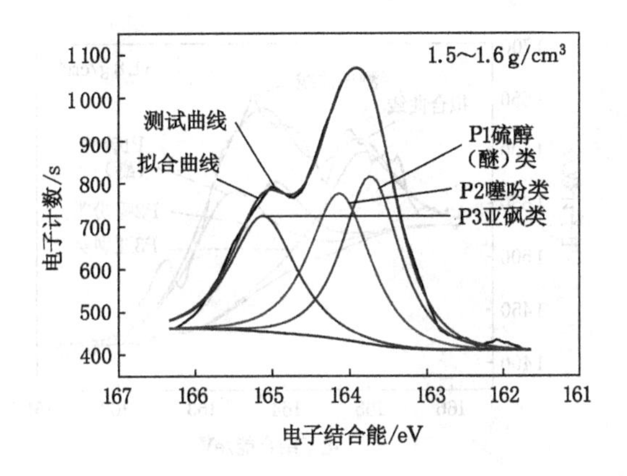
1.5～1.6 g/cm³
测试曲线
拟合曲线
P1硫醇
（醚）类
P2噻吩类
P3亚砜类
电子计数/s
电子结合能/eV

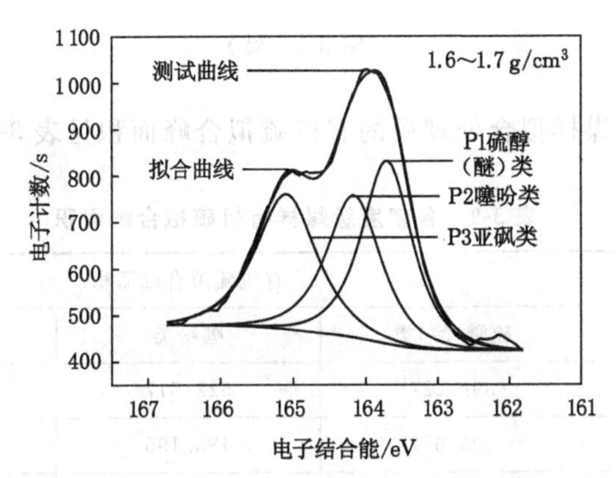
1.6～1.7 g/cm³
测试曲线
拟合曲线
P1硫醇
（醚）类
P2噻吩类
P3亚砜类
电子计数/s
电子结合能/eV

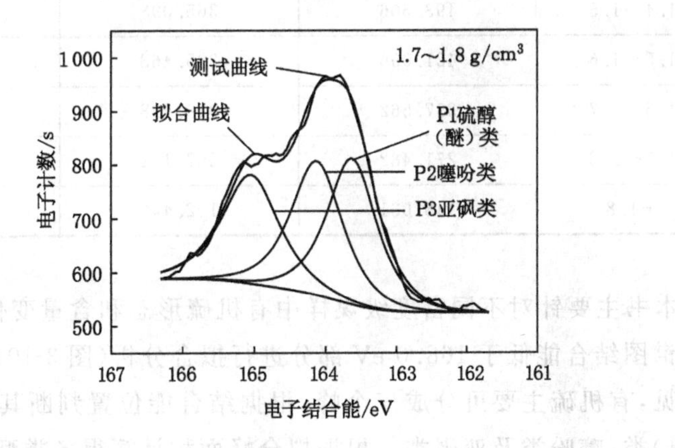
1.7～1.8 g/cm³
测试曲线
拟合曲线
P1硫醇
（醚）类
P2噻吩类
P3亚砜类
电子计数/s
电子结合能/eV

图 3-10（续）

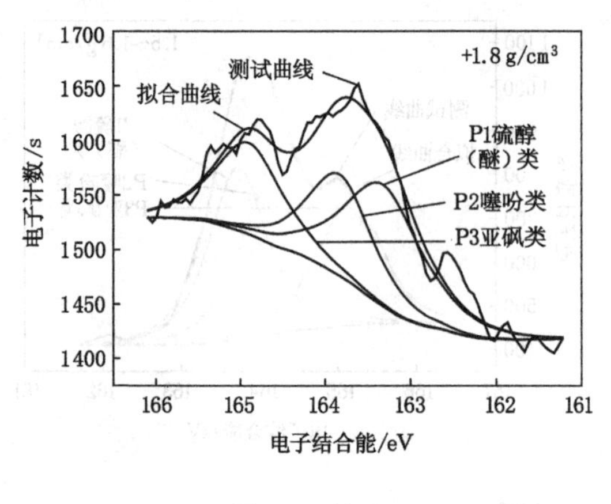

图 3-10(续)

各密度级煤样拟合处理后的有机硫拟合峰面积见表 3-9。

表 3-9 各密度级煤样有机硫拟合峰面积

煤样密度 /(g/cm³)	有机硫拟合峰面积		
	硫醚(醇)类	噻吩类	亚砜类
−1.3	899.227	522.917	470.093
1.3～1.4	493.677	488.195	456.629
1.4～1.5	493.506	365.098	330.968
1.5～1.6	421.096	395.468	325.544
1.6～1.7	397.562	329.698	350.271
1.7～1.8	271.482	257.162	227.888
+1.8	148.031	102.446	96.767

本书主要针对不同密度级煤样中有机硫形态和含量变化开展分析，选取各谱图结合能低于 168.0 eV 部分进行拟合分析(图 3-10)。根据拟合图谱可见，有机硫主要可分成三个峰，根据结合能位置判断其归属分别为硫醇(醚)类、噻吩类及亚砜类。根据拟合峰面积计算得各类型有机硫占的百分比，结果见表 3-10。

表 3-10 各类型有机硫相对百分含量

煤样密度/(g/cm³)	有机硫峰面积百分含量/%		
	硫醚(醇)类	噻吩类	亚砜类
−1.3	47.5	27.6	24.9
1.3～1.4	34.3	33.9	31.8
1.4～1.5	41.5	30.7	27.8
1.5～1.6	36.9	30.6	32.5
1.6～1.7	36.9	30.6	32.5
1.7～1.8	35.9	34.0	30.1
+1.8	42.6	29.5	27.9

根据峰面积百分含量可知，硫醇(醚)类是样品中硫的主要存在形态，各形态硫含量从大到小基本符合硫醇(醚)类>噻吩类>亚砜类。随密度增大，硫醇(醚)类有机硫含量呈下降趋势，在+1.8 g/cm^3 处有所增加；噻吩类有机硫含量呈增加趋势，在1.7～1.8 g/cm^3 密度区出现含量最大值，亚砜类有机硫含量呈先降低后增加趋势，即高密度和低密度区含量较大，中间密度区含量小。

3.3.5 微波+硝酸处理后对煤中硫形态的影响

为考察微波和外加试剂处理对煤样含硫组分的影响，利用酸洗加微波辐照的方法对典型炼焦煤样进行处理，分析其含硫组分变化。

1. 煤样酸洗加微波辐照处理方法

称取新峪原煤6 g，放入250 mL的锥形瓶中，加入质量分数为8.4%的稀硝酸150 mL，置于微波反应装置上(WD650B型微波器)。调节微波功率为260 W，辐照60 min，用真空抽滤装置抽滤，用去离子水洗涤滤液至中性，把滤饼放入恒温干燥箱中，在100 ℃下烘干10 h。取出放入干燥器中待测。测试条件和图谱拟合处理方法同上。

2. 谱图分析

为全面考察煤中含硫组分在酸洗加微波辐照后的变化情况，本次XPS拟合处理包括了无机硫。原煤中硫的2p电子能谱谱图比较复杂，曲线经XPSpeak4.1软件拟合后分成四个不同能量的峰(图3-11)，不同类型的峰出现在谱线不同位置上。对于酸洗加微波辐照处理煤样，在结合能高于168 eV以上特征峰基本消失。拟合后分成三个不同能量的峰(图3-12)。

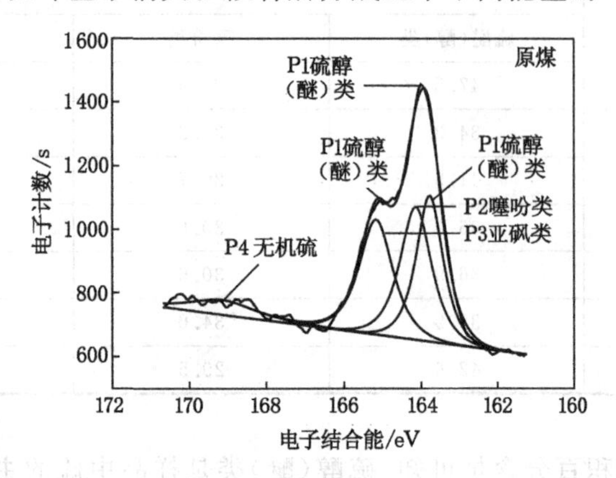

图3-11 原煤拟合谱图

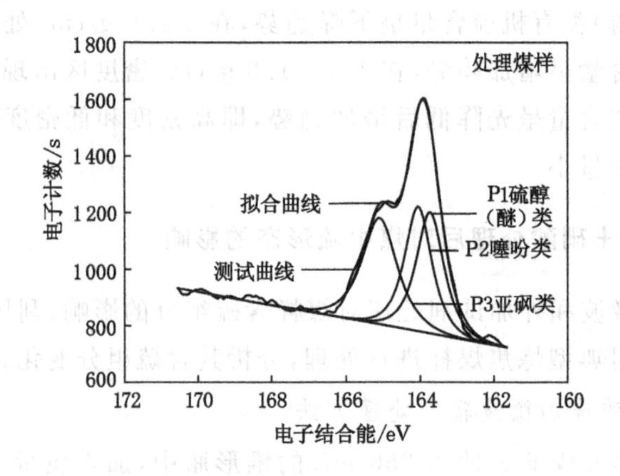

图3-12 硝酸加微波辐照处理煤样拟合曲线

原煤全硫图谱最佳拟合有四个峰，根据结合能位置P1、P2、P3、P4分别归属于硫醇(醚)类硫、噻吩类硫、亚砜类硫、无机硫。

对比图3-11和图3-12发现，经硝酸酸洗加微波处理后煤样中无机硫基本全部脱除。有机硫经软件拟合出三个特征峰，根据其结合能位置判断归属，图3-12中P1、P2、P3分别归属于硫醇(醚)类硫、噻吩类硫、亚砜类硫。具体参数见表3-11。

表 3-11　煤样的 XPS 试验数据

实验煤种	峰号	2p 结合能/eV	峰面积比/%	归属类型
原煤	1	163.55	31.36	硫醇(醚)类硫
	2	164.16	28.17	噻吩类硫
	3	165.27	26.83	亚砜类硫
	4	169.02	13.64	无机硫
处理煤样	1	163.52	33.63	硫醇(醚)类硫
	2	164.01	34.95	噻吩类硫
	3	165.01	31.42	亚砜类硫

3. 煤中各形态硫的类型含量变化分析

对比图 3-11 和图 3-12 可知，酸洗加微波处理煤样在 168 eV 以上的特征峰基本消失，说明原煤中无机硫几乎全部脱除，在 163.5 eV、164.0 eV 以及 165.0 eV 处峰的位置基本没有变化，峰的强度有不同程度下降，说明经过处理原煤中有机硫类型基本不变，但含量降低，部分有机硫被脱除。这是因为煤中有机硫原子常以负二价存在，这类硫原子含有两个孤电子对，因此负电性很强，在硝酸的强氧化作用下，极性较低硫醇硫、硫化物硫及噻吩硫部分地被氧化为可溶形态[129]，从而达到脱除。

利用全自动定硫仪测定：原煤中的全硫含量为 2.68%，处理后煤样全硫含量为 1.64%。

原煤各形态硫含量计算：

无机硫为：13.64%×2.68%=0.37%；

硫醇(醚)类硫为 31.36%×2.68%=0.84%；

噻吩类硫为 28.17%×2.68%=0.75%；

亚砜类硫为 26.83%×2.68%=0.72%。

酸洗加微波辐照处理煤样各形态硫含量及脱除率计算：

硫醇(醚)类硫为 33.63%×1.64%=0.55%，脱除率(0.84%−0.55%)/0.84%=34.5%；

噻吩类硫为 34.95%×1.64%=0.57%，脱除率(0.75%−0.57%)/0.75%=24%；

亚砜类硫为 31.42%×1.64%=0.52%，脱除率(0.72%−52%)/

0.72%=28%。

根据计算结果可见:该实验条件下硫醇(醚)类硫脱除效果最好,亚砜类硫次之,噻吩类硫脱除效果最差。

3.4 本章小结

(1) 三种典型炼焦煤中硫组分以有机硫为主,拟合处理 XPS 测试数据可知,有机硫主要赋存形态有三类,分别为硫醇(醚)类、噻吩类以及亚砜类。不同煤样中各类型硫含量差异较大。新峪煤中三者含量相当,新阳和新柳煤样中噻吩类硫含量较高。

(2) 针对不同密度级煤样 XPS 测试发现,随着密度增大,硫醇(醚)类硫含量呈下降趋势,噻吩类硫含量呈增加趋势,亚砜类硫呈先降低后增加趋势。无机硫含量随密度增大而增大,在−1.3 g/cm^3 到 1.6~1.7 g/cm^3 密度范围内无机硫含量增加幅度很小。在密度大于 1.8 g/cm^3 时,出现大量硫酸盐和硫铁矿特征峰。

(3) 通过硝酸酸洗和微波辐照处理,煤样无机硫几乎全部脱除,有机硫部分脱除,有机硫中硫醇(醚)类硫脱除效果最好,亚砜类硫次之,噻吩类硫脱除效果最差。鉴于噻吩类硫含量较高,又难以脱除,要想进一步提高脱硫率,提高噻吩类硫的脱除效率应该是进一步研究的重点。

4 炼焦煤及含硫模型化合物介电响应研究

煤微波辐照下脱硫是基于微波的穿透性和微观靶向能量作用。对煤及其含硫组分的介电性质的研究是开展煤微波辐照脱硫试验的基础。本章选择典型高硫煤和筛选含硫模型化合物作为研究对象,测定煤和含硫模型化合物的宏观介质特性,总结煤和含硫模型化合物等效复介电常数影响因素,探寻煤及其含硫组分在微波辐照下的选择性差异,揭示煤及其含硫组分化学结构对微波响应的化学物理机制,对微波脱硫工作频率选择具有指导意义。

4.1 电介质理论基础

4.1.1 电介质、介电性能

电介质是在外电场中能够被电极化的介质,电介质中起主要作用的是束缚电荷,电介质以正、负电荷重心不重合的电极化方式完成电的传递、存贮或记录。介电性能是指物质分子中只能在分子线度范围内运动的束缚电荷对外加电场的响应特性,它主要由相对介电常数 ε、相对介质损耗因数 ε''、介质损耗角正切 $\tan\delta$ 和介质等效阻抗等参数来表征。

4.1.2 电位移和电极化

为了说明电介质中电位移的概念,先讨论电偶极矩。宏观物质可视为由原子和分子组成。一般地,这些结构粒子是电中性的,但其中含有核贡献的正电荷和电子贡献的等量负电荷[130]。总的正负电荷值记为 $\pm q(q>0)$。设从负电荷中心到正电荷的位移矢量为 $\boldsymbol{l}$,则当 $\boldsymbol{l}\neq 0$ 时,结构粒子就具有电偶极矩,即

$$\boldsymbol{p}=q\boldsymbol{l} \tag{4-1}$$

在外电场 $\boldsymbol{E}$ 的作用下，一个点电偶极子 p 的势能为

$$U=-\boldsymbol{p}\cdot\boldsymbol{E} \tag{4-2}$$

式(4-2)表明，当电偶极矩的取向与外电场同向时能量最低，而反向时能量最高。点电偶极子所受到的外电场的作用力 $\boldsymbol{f}$ 和作用力矩 $\boldsymbol{M}$ 分别为：

$$\boldsymbol{f}=\boldsymbol{p}\cdot\nabla\boldsymbol{E} \tag{4-3}$$

$$\boldsymbol{M}=\boldsymbol{p}\times\boldsymbol{E} \tag{4-4}$$

力 $\boldsymbol{f}$ 使电偶极矩向电场线密集处平移，而力矩 $\boldsymbol{M}$ 则使电偶极矩朝外电场方向旋转。

在这里，是把电偶极矩作为一个坚固的近独立子系来处理的。极性物质即由具有电偶极矩的粒子组成的宏观物质。从极性物质中取一个宏观无限小的体积 ΔV，在这个宏观的小体积中仍有数目庞大的粒子，将其中所有粒子的电偶极矩进行矢量求和得 $\sum\boldsymbol{p}$，称为单位体积的电偶极矩。

$$\boldsymbol{P}=\frac{1}{\Delta V}\sum\boldsymbol{p} \tag{4-5}$$

式中，$\boldsymbol{P}$ 为这个小体积中物质的极化强度，极化强度是一个具有平均意义的宏观物理量，其单位是 C/m^2。

电磁运动的普遍规律可用麦克斯韦方程组描述为

$$\nabla\cdot\boldsymbol{D}=\rho,\qquad \nabla\cdot B=0$$

$$\nabla\times\boldsymbol{E}=-\frac{\partial\boldsymbol{B}}{\partial t},\qquad \nabla\times\boldsymbol{H}=\boldsymbol{j}+\frac{\partial\boldsymbol{D}}{\partial t} \tag{4-6}$$

式中，ρ 为自由电荷密度；$\boldsymbol{j}$ 为传导电流密度矢量；$\boldsymbol{E}$ 为电场强度；$\boldsymbol{H}$ 为磁场强度；$\boldsymbol{D}$ 为电位移矢量；$\boldsymbol{B}$ 为磁感应强度；t 为时间。因为电位移是由电场所引起的响应，可写出两者之间的关系为：

$$\boldsymbol{D}=\varepsilon\varepsilon_0\boldsymbol{E} \tag{4-7}$$

类似可以写出 $\boldsymbol{B}$ 与 $\boldsymbol{H}$ 间的关系为：

$$\boldsymbol{B}=\mu\mu_0\boldsymbol{H} \tag{4-8}$$

式中，ε_0 为真空介电常数；μ_0 为真空磁导率。在各向同性线性介质中，ε 和 μ 都是标量常数，分别称为介电常数和磁导率。

按照电学中关于电位移的定义，它与电极化强度存在如下关系：

$$\boldsymbol{D}=\varepsilon_0\boldsymbol{E}+\boldsymbol{P} \tag{4-9}$$

电位移通常也称为电感应强度。如果像多数电介质那样，在无外加电场时，极化强度 $\boldsymbol{P}=0$，则在式(4-9)中，$\boldsymbol{P}$ 可以认为是电场强度 $\boldsymbol{E}$ 所引起的一种响应，它们的关系为

$$\boldsymbol{P}=\chi\varepsilon_0\boldsymbol{E} \tag{4-10}$$

在各向同性线性电介质中，χ 为标量常数，称为极化率。于是由式(4-7)、式(4-9)和式(4-10)可得到

$$\varepsilon=1+\chi \tag{4-11}$$

因此，在物理意义上，用介电常数 ε 或用宏观极化率 χ 来描述物质的介电性质都是等价的，两者只相差常数 1。

4.1.3 电介质在交变电场中的损耗

电介质在交变电场中通常都有损耗，下面利用数学方法描述介质损耗[131]。

图 4-1 表示一个理想的没有损耗的电容器，两极板间为真空，电容量为 C_0。当其两板间加有角频率为 ω 的正弦波交变电压 V 时，流过电容器的电流为：

$$I=\mathrm{j}\omega C_0 V \tag{4-12}$$

其中，$\mathrm{j}=\sqrt{-1}$，表示 I 和 V 有 90°相位差，如图 4-1 中矢量图所示。

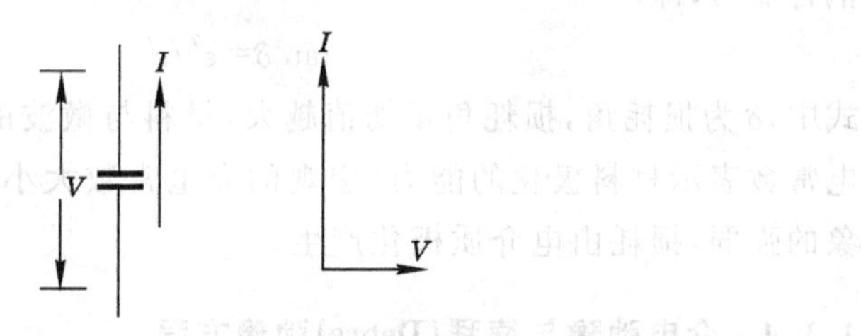

图 4-1 真空电容器

若在两极板间充满介电常数为 ε 的电介质，如图 4-2 所示，此时电容量将增大为

$$C=\varepsilon C_0 \tag{4-13}$$

则通过充有电介质的电容器的电流变化为

$$I=\mathrm{j}\omega CV \tag{4-14}$$

这时，观察到的电流 I 与电压 V 的相位差总是略小于 $90°$。

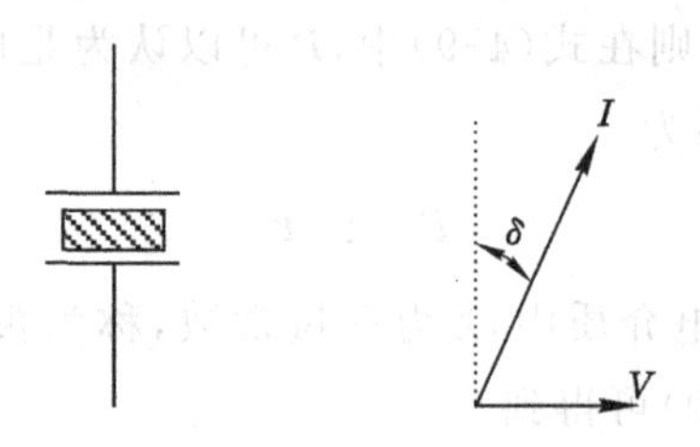

图 4-2　充满电介质电容器

此时，取电压 V 沿实轴方向，将观察到的电流 I 的实轴分量写为 $\omega\varepsilon'' C_0 V$；而把 I 的虚轴分量（与 V 相位差 $90°$）写为 $\mathrm{j}\omega\varepsilon' C_0 V$；其中 ε' 和 ε'' 为两个实参数。于是

$$I=\omega\varepsilon'' C_0 V+\mathrm{j}\omega\varepsilon' C_0 V=\mathrm{j}\omega(\varepsilon'-\mathrm{j}\varepsilon'')C_0 V \tag{4-15}$$

将此式和式(4-13)、式(4-14)比较，则可以得到

$$\varepsilon=\varepsilon'-\mathrm{j}\varepsilon'' \tag{4-16}$$

只要将介电常数 ε 定义为复数，就可以用它来描述在实验中所观察到的现象。称 ε' 为复介电常数实部，代表介电极化能力，而 ε'' 为复介电常数虚部，代表损耗。虚部采用负号是为了使实际观察到的 ε'' 为正值。

通常用损耗正切值（损耗因子与介电常数之比）来表示材料与微波的耦合能力，即

$$\tan\delta=\varepsilon''/\varepsilon' \tag{4-17}$$

式中，δ 为损耗角，损耗角正切值越大，材料与微波的耦合能力就越强。介电常数表示材料极化的能力，宏观的介电常数大小，反映了微观的极化现象的强弱，损耗由电介质极化产生。

4.1.4　介电弛豫与德拜(Debye)弛豫方程

所谓介质损耗，就是在某一频率下供给介质的电能，其中有一部分因强迫固有偶极矩的转动而使介质变热，即一部分电能以热的形式而消耗。可见，介质损耗可反映微观极化的弛豫过程。

弛豫是从宏观热力学唯象理论抽象出来的概念。一个宏观系统由于周围环境的变化或经受了一个外界的作用而变成非热平衡状态时，这个系统经过一定时间由非热平衡态过渡到新的热平衡状态的整个过程，称为弛

豫。宏观系统的热平衡从统计意义上来说，是以其中的粒子按某种能量分布规律来表征的，这种规律通常是符合玻耳兹曼分布律的，因此，弛豫过程实质上是系统中微观粒子由于相互作用而交换能量，最后达到稳定分布的过程，弛豫过程的宏观规律取决于系统中微观粒子相互作用的性质。如果说极化表征在电场作用下物质内各种电偶极矩的有序化过程，那么弛豫则是反映各电偶极矩的无序化过程，是分析许多极化时都要用到的。

若作用在电介质上的交变电场为：

$$\boldsymbol{E}=\boldsymbol{E}_0\cos(\omega t) \tag{4-18}$$

由于极化弛豫，$\boldsymbol{P}$ 与 $\boldsymbol{D}$ 都将有一个相角落后于电场 $\boldsymbol{E}$，设此角为 δ，则 $\boldsymbol{D}$ 可写为：

$$\boldsymbol{D}=\boldsymbol{D}_0\cos(\omega t-\delta)=\boldsymbol{D}_1\cos(\omega t)+\boldsymbol{D}_2\sin(\omega t) \tag{4-19}$$

式中，$\boldsymbol{D}_1=\boldsymbol{D}_0\cos\delta$，$\boldsymbol{D}_2=\boldsymbol{D}_0\sin\delta$。对于大多数电介质材料，$\boldsymbol{D}_0$ 与 $\boldsymbol{E}_0$ 成正比，不过比例系数不是常数，而是与频率有关。为了反映这个情况，引入两个与频率有关的介电常数：

$$\varepsilon_1(\omega)=\frac{D_1}{E_0}=\frac{D_0}{E_0}\cos\delta \tag{4-20}$$

$$\varepsilon_2(\omega)=\frac{D_2}{E_0}=\frac{D_0}{E_0}\sin\delta \tag{4-21}$$

因 ε_1 和 ε_2 与频率有关，所以相位角 δ 也与频率有关，当频率趋近于零时，极化不出现滞后，这时相角 $\delta=0$。

$$\varepsilon_1(\omega)\big|_{\omega=0}=\frac{D_0}{E_0}\cos\delta\bigg|_{\omega=0}=\frac{D_0}{E_0} \tag{4-22}$$

$$\varepsilon_2(\omega)\big|_{\omega=0}=\frac{D_0}{E_0}\sin\delta\bigg|_{\omega=0}=0 \tag{4-23}$$

由此可见，当频率接近于零时，ε_1 就等于静态介电常数。

因为电容器中的电流强度为：

$$I=\frac{\mathrm{d}\sigma}{\mathrm{d}t}=\frac{\mathrm{d}D}{\mathrm{d}t}=\omega[-D_1\sin(\omega t)+D_2\cos(\omega t)] \tag{4-24}$$

式中，σ 为电容器板上的自由电荷面密度。在单位体积内介质每单位时间所消耗的能量为：

$$W=\frac{\omega}{2\pi}\int_0^{\frac{2\pi}{\omega}}I\cdot E\mathrm{d}t=\frac{\omega}{2\pi}\int_0^{\frac{2\pi}{\omega}}\omega[-D_1\sin(\omega t)+D_2\cos(\omega t)]E_0\cos(\omega t)\,\mathrm{d}t$$

$$=\frac{1}{2}\omega D_2 E_0=\frac{1}{2}\omega E_0^2\varepsilon_0(\omega)=\frac{1}{2}\omega D_0 E_0\sin\delta \tag{4-25}$$

即能量损失与 $\sin\delta$ 成正比，因此，$\sin\delta$ 称为损耗因子；因为当 δ 很小时，$\sin\delta\approx\tan\delta$，所以有时也称 $\tan\delta$ 为损耗因子。

总的介电响应宏观效果可用介电常数 ε 来描述，在频率 ω 的正弦波交变电场作用下，电介质的极化弛豫现象一般可用以下形式来描述

$$\varepsilon(\omega)=\varepsilon_\infty+\int_0^\infty \alpha(t)\mathrm{e}^{\mathrm{j}\omega t}\mathrm{d}t \tag{4-26}$$

式中，$\alpha(t)$是衰减因子。它描述了突然去掉外电场后，介质极化衰减的规律以及迅速加上恒定电场时介质极化趋向于平衡态的规律。由于介质中电偶极矩的运动需要时间，因此，极化响应显然落后于迅速变化的外电场，而似乎具有一定惯性；同时，弛豫过程中微观粒子之间的能量交换在宏观方面将表现为一种损耗，用复介电常数的虚部 ε''来描述介电损耗。

在特殊情况下，可以令

$$\alpha(t)=\alpha_0\mathrm{e}^{-t/\tau} \tag{4-27}$$

将式(4-26)代入式(4-27)，积分后得到

$$\varepsilon(\omega)=\varepsilon_\infty+\frac{\alpha_0}{\frac{1}{\tau}-\mathrm{j}\omega} \tag{4-28}$$

记

$$\varepsilon(0)=\varepsilon_s \tag{4-29}$$

则

$$\varepsilon_s=\varepsilon_\infty+\tau\alpha_0 \tag{4-30}$$

ε_s 为静态介电常数，于是式(4-27)可写为

$$\alpha(t)=\frac{\varepsilon_s-\varepsilon_\infty}{\tau}\mathrm{e}^{-t/\tau} \tag{4-31}$$

而

$$\varepsilon(\omega)=\varepsilon'-\mathrm{j}\varepsilon''=\varepsilon_\infty+\frac{\varepsilon_s-\varepsilon_\infty}{1+\mathrm{j}\omega\tau} \tag{4-32}$$

由式(4-32)可以得到复介电常数 ε 的实部 ε'、虚部 ε''和损耗角正切 $\tan\delta$ 的表达式为

$$\varepsilon'=\varepsilon_\infty+(\varepsilon_s-\varepsilon_\infty)/(1+\omega^2\tau^2)\quad \varepsilon''=(\varepsilon_s-\varepsilon_\infty)\omega\tau/(1+\omega^2\tau^2) \tag{4-33}$$

$$\tan\delta=\varepsilon''/\varepsilon'=(\varepsilon_s-\varepsilon_\infty)\omega\tau/(\varepsilon_s+\varepsilon_\infty\omega^2\tau^2) \tag{4-34}$$

式(4-33)被称作德拜方程。

在一定温度下，根据德拜方程可以得到：

在恒定电场下：$\omega=0$，$\varepsilon'=\varepsilon_s$，$\varepsilon''=0$，此时没有介电损耗；

在光频下：$\omega\to\infty$，$\varepsilon'=\varepsilon_\infty$，$\varepsilon''=0$，此时也没有介电损耗；

当 $\omega=0\sim\infty$ 时，ε' 随频率下降，从静态介电常数降到光频介电常数；损耗因子则出现极大值，其条件为$\dfrac{\partial\varepsilon''}{\partial\omega}=0$，当 $\omega_m=\dfrac{1}{\tau}$取极值，此时有：

$$\varepsilon''_{max}=\frac{1}{2}(\varepsilon_s-\varepsilon_\infty) \tag{4-35}$$

$$\varepsilon'=\frac{1}{2}(\varepsilon_s+\varepsilon_\infty) \tag{4-36}$$

$$\tan\delta=\frac{\varepsilon_s-\varepsilon_\infty}{\varepsilon_s+\varepsilon_\infty} \tag{4-37}$$

4.2　煤的介电性质和微波脱硫关系

煤在微波辐照下吸收微波能量是一种介电响应，介电响应包括电子极化、原子极化、空间位移极化。和其他电磁谱一样，微波的传输反射遵循麦克斯韦方程组：

$$\nabla\times E=\mathrm{i}\omega\mu^* H \tag{4-38}$$

$$\nabla\cdot(\varepsilon^* E)=0 \tag{4-39}$$

$$\nabla\times H=-\mathrm{i}\omega\varepsilon^* E \tag{4-40}$$

$$\nabla\cdot H=0 \tag{4-41}$$

式中，E 为电场强度；H 为磁场强度；ε^* 为介电常数；μ^* 为磁导率。

在非磁性介质材料中，微波能量吸收取决于材料的复介电常数，即

$$\varepsilon^*(\omega)=\varepsilon'(\omega)-i\varepsilon''(\omega) \tag{4-42}$$

复介电常数 ε^* 可以用 Kramers-Kronig 关系描述

$$\varepsilon'(\omega)=\varepsilon_\infty+\frac{2}{\pi}\int_0^\infty\frac{\varepsilon''(\omega)\omega'}{(\omega')^2-\omega^2}\mathrm{d}\omega' \tag{4-43}$$

$$\varepsilon''(\omega)=\frac{2}{\pi}\int_0^\infty\frac{[\varepsilon'(\omega)-\varepsilon_\infty]\omega}{(\omega')^2-\omega^2}\mathrm{d}\omega' \tag{4-44}$$

式中，ε_∞ 是高频介电常数；ω'是积分变量。在复平面 $\varepsilon^*(\omega)$ 的实部和虚部

分别反映极化程度和能量损失。介电损耗定义如下：

$$\tan\delta=\frac{\omega\varepsilon''(\omega)\,|E_0|^2}{\omega\varepsilon'(\omega)\,|E_0|^2}=\frac{\varepsilon''(\omega)}{\varepsilon'(\omega)} \tag{4-45}$$

损耗角正切代表损失的能量和存储的能量值之比。一般说来单位体积平均功率损耗可以根据下式计算：

$$P=1/2\omega\varepsilon''|E_0|^2 \tag{4-46}$$

在给定的微波频率和微波场强下，煤吸收微波能大小取决于复介电常数的虚部。微波束在 x 轴定向衰减可以描述为

$$P(x)=P_0\exp(-2\alpha x) \tag{4-47}$$

式中，衰减系数 α 是角频率 ω、复介电常数的函数 $\varepsilon^*(\omega)$ 和负磁导率 μ^* 的函数。

$$\alpha=\omega\sqrt{\sqrt{\varepsilon'^2+\varepsilon''^2}\sqrt{u'^2+u''^2}}\times\sin\left[\frac{\arctan\left(\frac{\varepsilon''}{\varepsilon'}\right)+\arctan\left(\frac{u''}{u'}\right)}{2}\right] \tag{4-48}$$

在非磁介质中，μ^* 的值很低，此时，微波能量吸收取决于复介电常数部分。对于给定的煤样介质，研究其介电性质，对于提高煤质吸收功率、提高微波脱硫效果有决定意义。

4.3 测试样品与方法

4.3.1 测试样品制备

1. 煤样

(1) 新峪原煤、新阳原煤、新柳精煤

采样后经空气干燥，破碎至 0.2 mm，密封保存。

(2) 影响因素考察煤样

① 取 6～13 mm 粒度级新峪原煤通过实验室浮沉实验得到不同密度级煤样。

② 取新峪精煤样分别过 14 网目、20 网目、40 网目、60 网目、120 网目、200 网目、325 网目圆孔筛，制得不同粒度级煤样。

③ 以 $-1.3\ \mathrm{g/cm^3}$ 低灰精煤做基准，分别加入 5%(以质量计)的矿物

质，充分搅拌混合均匀制得不同矿物质含量的煤样。

④ 取新柳原煤，破碎至 0.2 mm 后配 10％水（以质量计），密封保存待测。

（3）高含硫煤样与低含硫煤样对比

选取新柳高硫煤和淮南低硫煤，破碎至 0.2 mm，密封保存。

2. 模型化合物

（1）含硫模型化合物

根据有机硫在煤中的三种主要赋存状态，同时考虑测试条件对样品性质要求，选择正十八硫醇、二苯二硫醚、二苯并噻吩、二苯砜、二苯亚砜作为含硫模型化合物。同时选择结构相似但不含硫键的其他模型化合物十九烷、十八醇、氧芴等。模型化合物性质详见表 2-1。

（2）含硫模型化合物＋低硫煤

选择淮南低硫煤，破碎至 0.2 mm，称取两份，每份 5 g，置于烧杯中。

称取煤样质量 6％的十八硫醇溶于酒精中。

将溶液和煤样充分混合，超声波振荡 15 min。

置于 100 ℃恒温干燥箱 1 h，待酒精挥发完，密封保存待测。

所有样品密封保存待测。测试前将待测样和石蜡按照质量比 1∶1 来配料，在水浴锅 70 ℃下加热一起混匀，然后再干压成外径 7 mm、内径 3.04 mm、厚 2 mm 的同轴圆环待测样。

4.3.2 测试方法与系统

介质材料的复介电常数测试方法按测试原理可分为网络参数法和谐振腔法两大类。由于煤及其典型含硫模型化合物具有较高损耗，同时待测频带很宽，因此选用网络参数法中的传输反射法。该方法是将待测试样的波导段作为传输系统的一部分来测量它的特性参量，煤样颗粒和石蜡的波导段构成有耗二端口网络，通过网络分析仪测量该网络的散射参数，输入计算机，通过测量软件计算即可获得被测材料的复介电常数。该方法具有测量方法简单、测量频率宽等优点。

测试系统：测试工作在电子科技大学电子工程学院完成，测试频率：0.2～18 GHz，温度：20 ℃，测试仪器：Agilent E8363A 矢量网络分析仪。

4.4 测试结果与分析

4.4.1 煤样介电性质

1. 新峪煤样

按照 2.5.1 所述的方法测定新峪原煤的 ε'、ε''，按照式(4-45)计算 tan δ，以频率(GHz)为横坐标，分别以 ε'、ε''、tan δ 为纵坐标作图，得到图 4-3。

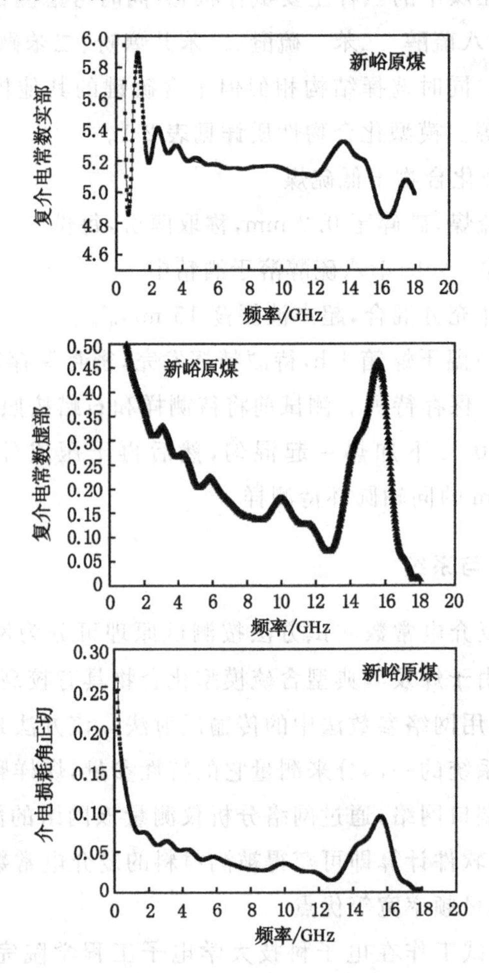

图 4-3 新峪煤样介电性质

交变电场下，介电常数取复数形式，其实部 ε' 和虚部 ε'' 分别表示极化程度和损耗程度，损耗角正切 $\tan\delta$ 代表损失的能量和存储的能量值之比。

除去初始的低频端测试误差，新峪原煤复介电常数实部出现峰值点的对应频率分别为 1.357 GHz、2.581 GHz、3.716 GHz、13.728 GHz、17.555 GHz 处，其中在 1.357 GHz 处取得最大值，对应峰值、频率点见表 4-1。

表 4-1 新峪煤样介电常数实部峰值

参数	峰值频率/GHz	对应峰值
新峪原煤 ε'	1.357	5.884
	2.581	5.405
	3.716	5.293
	13.728	5.315
	17.555	5.070

根据测试数据可见，在 0.2～18 GHz 频段范围，新峪原煤复介电常数实部出现若干峰值，说明煤样在不同频率处对于外加能量场的响应极化程度是不同的。煤样复介电常数实部最高峰值频率为 1.357 GHz，说明新峪煤样在该频率处受外场引起的极化较大，对微波能量有较大响应；根据测试谱图 4-3，ε' 整体趋势随频率增加略有下降，属于弛豫型电介质，这和 Giuntini 等[64]在 $10^3 \sim 10^7$ Hz 范围内研究煤的介电性质时得出的结论一致，和冯秀梅[58]、吕绍林[66]等研究结果也一致，均符合一般电介质变化规律[132]。

新峪原煤复介电常数虚部几个特征峰值出现频率分别为：3.115 GHz、4.405 GHz、6.007 GHz、9.901 GHz 和 15.619 GHz 处。极化过程伴随着能量损失，所以 ε'' 峰值一般落后于 ε' 峰值。原煤 ε'' 随频率增加先减小后增大，在15.619 GHz 处达到峰值 0.462，说明该频率处介电损耗最大，此处煤样所吸收微波转化热能也最多。

介电损耗角正切 $\tan\delta$ 代表损失的能量和存储的能量值之比，所以介电损耗角正切 $\tan\delta$ 变化规律和 ε'' 基本一致，本次测试结果遵循该规律，$\tan\delta$ 峰值出现位置和 ε'' 基本一致，这也间接说明测试数据的准确性。新峪煤样 $\tan\delta$ 数值均大于 10^{-2}，可视为有损介质[133]，在 15.664 GHz 处取得最大值 0.093。说明此处损失能量和存储能量比值最大。

2. 新阳煤样

按照 2.5.1 所述的方法测定原煤的 ε'、ε''，按照式(4-45)计算 $\tan\delta$，以频率(GHz)为横坐标，分别以 ε'、ε''、$\tan\delta$ 为纵坐标作图，得到图 4-4。

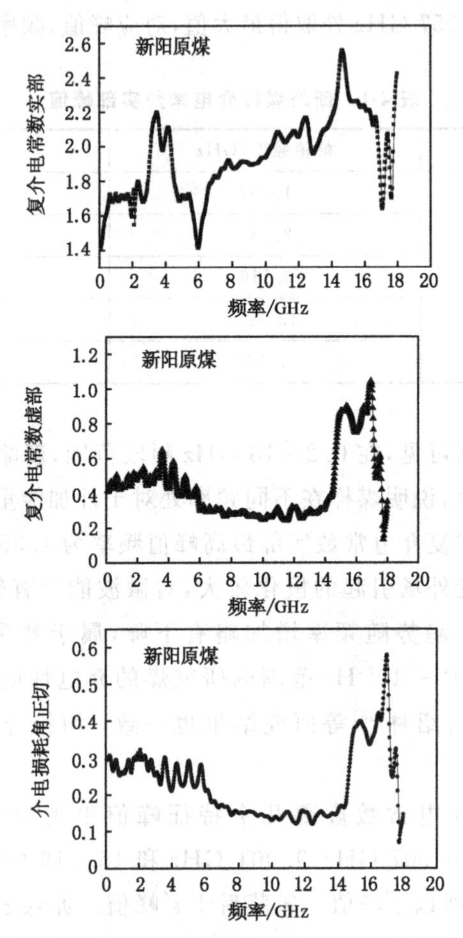

图 4-4　新阳煤样介电性质

对比新峪和新阳煤样介电谱图可见，新阳原煤出现的峰值点较多，说明新阳煤样含有的极性结构较多，在不同的频率都会发生极化响应。综合分析，在 0.2～6 GHz 频段复介电常数实部出现若干峰值，在 6～14 GHz 频段比较平稳，在 14～18 GHz 频段出现较明显的响应峰。复介电常数实部整体为上升趋势，随频率增大而增大。复介电常数实部最高峰对应频率为 14.688 GHz。

新阳原煤复介电常数虚部在 16.948 GHz 处达到峰值 1.044，说明该频率处介电损耗最大，所吸收微波转化热能也最多。与新峪原煤复介电常数虚部最大值相比，新阳原煤复介电常数虚部峰值较高，是新峪原煤的 2 倍多，在相同的微波条件下，可以推测新阳原煤吸收微波能量的能力较强，转化的热能也较多。

新阳原煤介电损耗角正切 tan δ 在 17.015 GHz 处取得最大值 0.574 6，该频率大于复介电常数实部最高峰值对应的频率，说明该损耗是复介电常数实部最高峰引起的，在外电场作用下，煤样中极性分子发生极化，出现复介电常数实部的最大值，随着频率增加，分子固有电偶极矩的转向极化逐渐落后于外场的变化，损耗出现峰值。

3. 新柳煤样

按照 2.5.1 所述的方法测定原煤的 ε'、ε''，按照式(4-45)计算 tan δ，以频率(GHz)为横坐标，分别以 ε'、ε''、tan δ 为纵坐标作图，得到图 4-5。

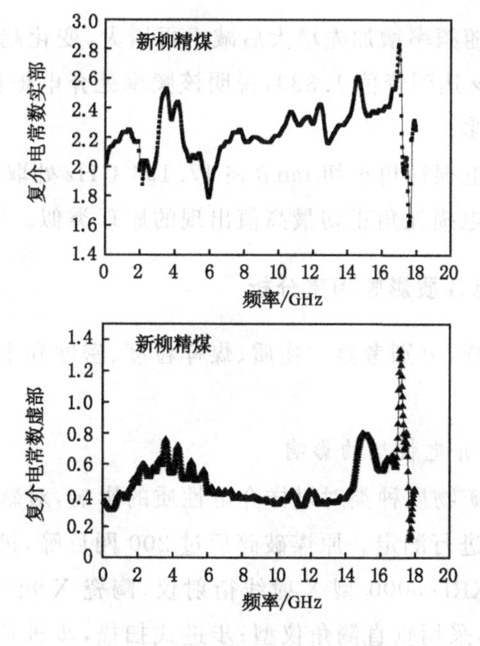

图 4-5 新柳煤样介电性质

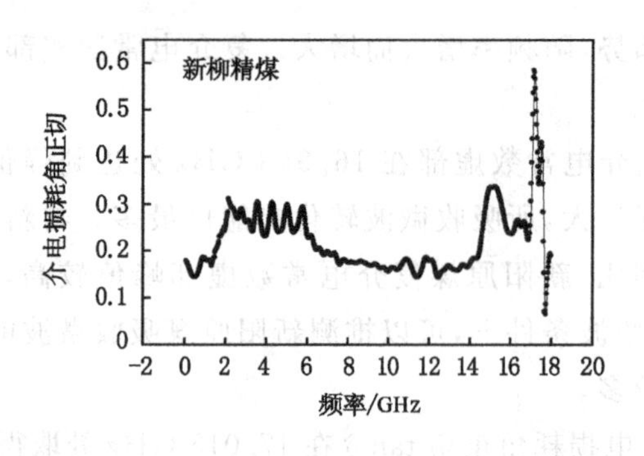

图 4-5(续)

根据测试谱图 4-5，新柳精煤复介电常数实部曲线整体为上升趋势，在 915 MHz、4.015 GHz、8.013 GHz、12.412、15.196 GHz 和 17.463 GHz 等多处频率点出现峰值，对应极化响应最大处。说明新柳精煤中极性结构较多，对应不同弛豫时间，在不同的频率处都会发生极化响应。其复介电常数实部最大峰值为2.815，出现在 17.015 GHz。说明此处极性响应最强烈。

新柳精煤 ε''随频率增加先增大后减小再增大，变化趋势和新阳原煤相似，在 17.15 GHz 达到峰值 1.333，说明该频率处介电损耗最大，所吸收微波转化热能也最多。

新柳精煤介电损耗角正切 tan δ 在 17.194 GHz 处取得最大值 0.580，这和新阳原煤介电损耗角正切最高值出现的原理类似。

4.4.2 煤样介电性质影响因素分析

选取新峪煤样，分别考察矿物质、煤样粒度、密度和水分等因素对煤样介电性质的影响。

1. 矿物质对介电性质的影响

为研究煤中矿物质种类对煤样介电性质的影响，对新峪原煤煤样所含主要矿物质种类进行测定。原煤破碎后过 200 网目筛，进行 XRD 测试，测试仪器为 LabX XRD-6000 型 X 射线衍射仪，陶瓷 X 光管，Cu 靶，管压 50 kV，管流 60 mA，采用垂直测角仪型；步进式扫描，步进角度 0.000 1°(θ)。图 4-6 为原煤 XRD 谱图。

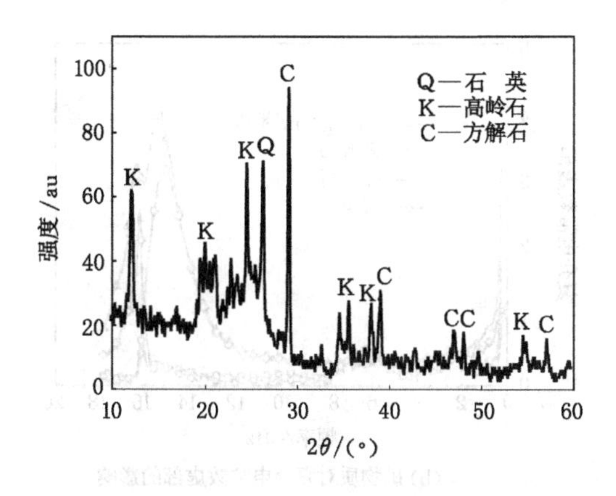

图 4-6 原煤 XRD 图谱

用参照文献[134]所述方法分析谱图可知原煤矿物质种类主要是高岭石、石英、和方解石；相对含量分别为：高岭石 41.02%、石英 24.68%、方解石 12.75%、黄铁矿 2.14%，少量石膏和铁白云石。选取煤样中主要矿物质，破碎至 0.2 mm。以含矿物质较少的、密度小于 1.3 g/cm³ 的低灰精煤做基准，分别加入 5%(以质量计)的方解石、高岭石、石英，充分搅拌混合均匀制得不同矿物质含量的煤样。按照上述测试方法测试样品介电性质。不同矿物质含量煤样复介电常数测试结果见图 4-7。

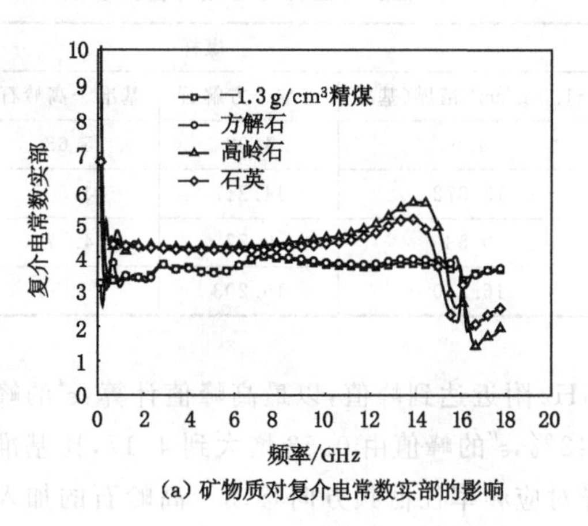

(a) 矿物质对复介电常数实部的影响

图 4-7 矿物质对介电性质的影响

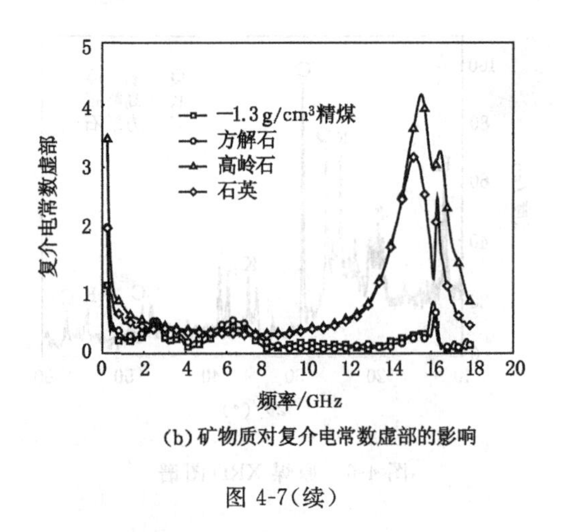

(b) 矿物质对复介电常数虚部的影响

图 4-7(续)

由图 4-7 可见,三种矿物质添加到精煤中,测试煤样的复介电常数的实部和虚部均有不同幅度增大,但整体随频率变化规律保持一致。说明矿物质能够增强煤样的介电响应,其中添加高岭石的煤样复介电常数增加最大,石英次之,添加方解石的煤样复介电常数和精煤基本一致。在不同频率处出现响应峰值,取曲线峰值和对应频率可得表 4-2。

表 4-2　矿物质对复介电常数峰值的影响

复介电常数	煤样			
	−1.3 g/cm³ 精煤(基准)	基准+方解石	基准+高岭石	基准+石英
ε′峰值	4.0	4.02	5.68	5.19
ε′峰对应频率/GHz	13.372	14.217	14.507	14.173
ε″峰值	0.53	0.77	4.17	3.16
ε″峰对应频率/GHz	16.240	16.203	15.58	15.308

ε′、ε″在 15 GHz 附近达到峰值,以最高峰值计算:ε′的峰值由 4.0 增大到5.68,增加了 42%,ε″的峰值由 0.53 增大到 4.17,比基准煤样的峰值大 7 倍多,且最高峰对应频率往低频方向移动。高岭石的加入使得煤样复介电常数实部和虚部均有较大增加,虚部增大幅度大于实部。石英对煤样介电性质影响介于高岭石和方解石之间。方解石对于样品的介电性质影响不大,其 ε′、ε″曲线基本和基准煤样一致。

2. 煤样粒度对介电性质的影响

取新峪精煤分别过14网目、20网目、40网目、60网目、120网目、200网目、325网目圆孔筛，制得不同粒度级煤样。按照2.5节所述方法测定样品介电性质。

不同粒度级煤样介电性质测试结果见图4-8。

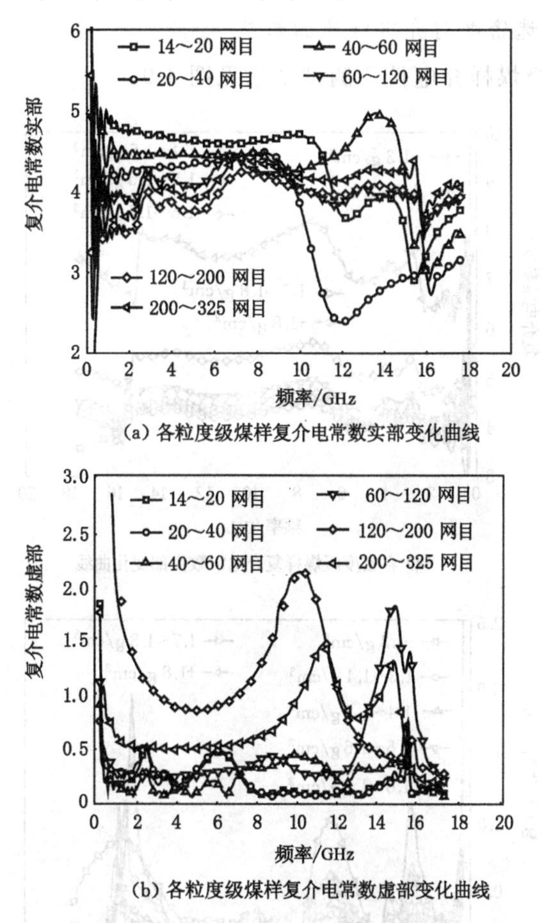

(a) 各粒度级煤样复介电常数实部变化曲线

(b) 各粒度级煤样复介电常数虚部变化曲线

图4-8　各粒度级煤样介电性质

不同粒度级精煤的ε′范围在3～5之间，在0.2～10 GHz范围，ε′基本随粒度增大而增大，这是由于煤样在制成测试样品时，粗颗粒煤样的孔隙率较大。徐龙君等[135]研究表明，煤的复介电常数随其孔体积和孔隙率的增大而有增大的趋势。在 10～18 GHz 频率范围，粗颗粒煤样 ε′迅速降低，而细颗粒基本不变，可见测试频率增大对于比较密实的细颗粒煤样介电性质影响较小。

ε″变化范围在 0～3 之间，120～200 网目粒度级煤样 ε″值较高。ε″基本随粒度增大而降低，可见减小煤样粒度有助于实验煤样吸收更多微波能量。

3. 煤样分选密度对介电性质的影响

不同密度级煤样介电性质测试结果见图 4-9。

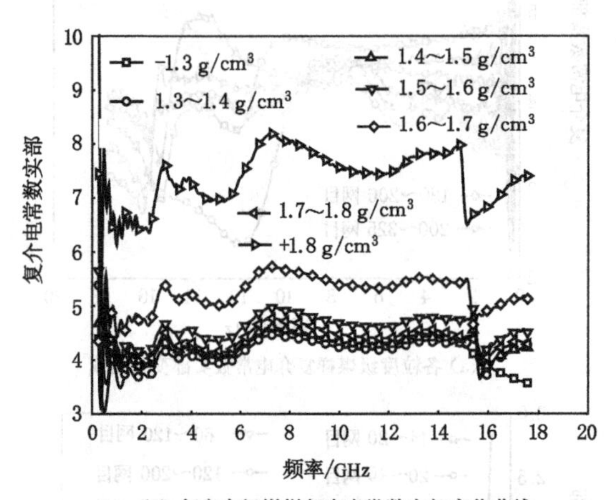

(a) 各密度级煤样复介电常数实部变化曲线

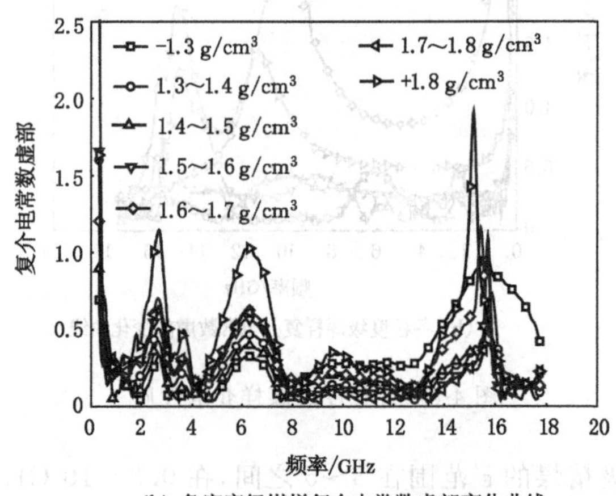

(b) 各密度级煤样复介电常数虚部变化曲线

图 4-9 各密度级煤样介电性质

对比表3-8中各密度级灰分可知，灰分高的煤样复介电常数高于灰分低的煤样，这是由于矿物质的存在，造成了煤样位移极化和空间电荷极化作用的加强。说明煤中矿物质对煤样吸收微波能量有促进作用。

不同密度级ε″变化规律和ε′类似，且在实部出现较低值时，对应虚部出现峰值。各密度级煤样ε″在3 GHz、6 GHz和15 GHz附近出现峰值，对应频率处介电损失较大，微波能转化的热能较多，有利于提高微波脱硫效率。

4. 煤样含水量对介电性质的影响

取空气干燥的新柳精煤煤样（性质见前述），破碎至0.2 mm配10%水（以质量计），测定干燥煤样及含水煤样的复介电常数，见图4-10。

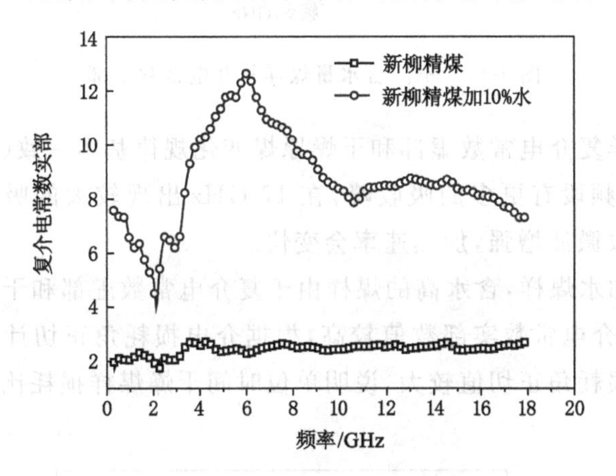

图4-10 不同含水量煤样复介电常数实部

由图4-10可见，配10%水的煤样复介电常数实部明显高于干燥煤样。这是由于水的复介电常数非常高（常温下纯水为80），水分子的极性很大，在外场作用下会有很强的极化，导致复介电常数实部很大。含水煤样在2.45 GHz、7 GHz附近出现峰值。说明由于水的强极性，含水煤样极性增强，对微波有更强的响应。水在矿物中以两种形式存在，结晶水与吸附水。有实验表明，结晶水对矿物的复介电常数影响不大，而吸附水对矿物的复介电常数影响较大。其中，少量的吸附水对矿物复介电常数影响较小，而当吸附水增加到一定程度的时候，对矿物复介电常数影响较大。Wang等认为当吸附水和矿物颗粒表面之间的吸力达到15 bar以后，水便表现为自由水的性质,对介电性质影响非常明显[136]。

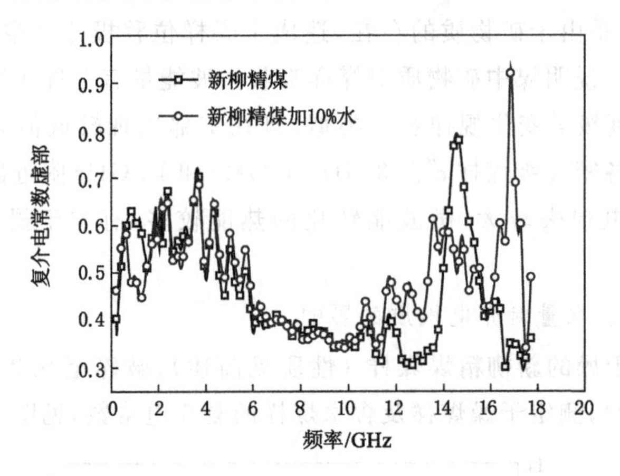

图 4-11　不同含水量煤样复介电常数虚部

含水煤样复介电常数虚部和干燥原煤变化规律基本一致(图 4-11),在 12～16 GHz 频段有更多的吸收峰,在 17 GHz 出现较大的吸收峰值。说明该频段吸收微波增强,加热速率会变快。

相比未加水煤样,含水高的煤样由于复介电常数虚部和干燥煤样相差不大,而其复介电常数实部数值较高,根据介电损耗角正切计算公式干燥煤样的介电损耗角正切值较大,说明单位时间干燥煤样损耗比含水煤样大(图 4-12)。

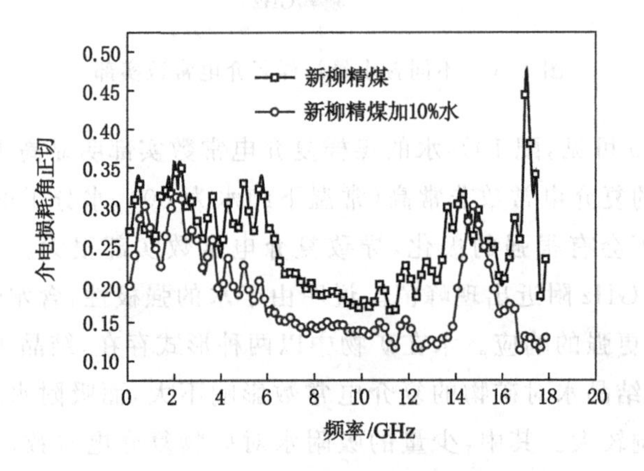

图 4-12　不同含水量煤样介电损耗角正切值

4.4.3 不同含硫量煤样介电性质对比分析

选取典型高硫煤(新柳矿精煤,有机硫含量1.5%)和低硫煤(望峰岗精煤有机硫含量0.3%),破碎至0.2 mm,按照第2章所述介电常数测试方法测试其介电性质,分析其介电差异。选择精煤可以尽量排除矿物质影响。

图4-13是高硫煤和低硫煤复介电常数实部随频率增大的变化趋势,整体上看,二者变化趋势一致,并且在很多频率点均出现峰值,这两种煤样的介电极化类型相似。由于复介电常数实部主要体现的是煤中极性基团在外场作用下的响应强度,从图4-13可以看出高硫煤具有较高的复介电常数实部,说明其含有的极性分子较多,对于微波的响应强于低硫煤。

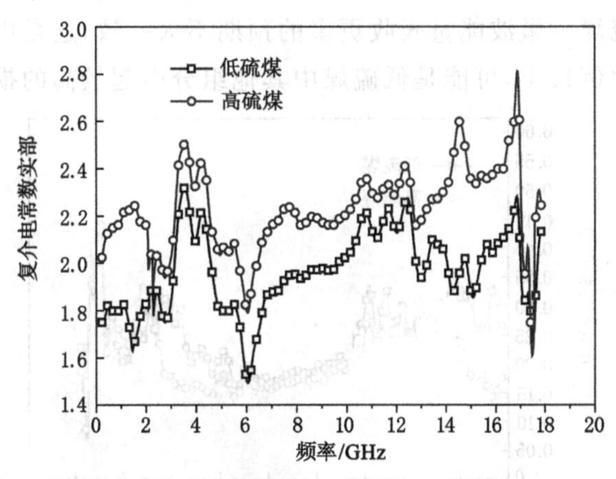

图4-13 不同含硫量煤样复介电常数实部

如图4-14所示,通过对高硫煤和低硫煤复介电常数虚部的比较,发现二者整体变化趋势一致,其介电损耗的峰位也有很多重合的地方,这和实部的表现一致。在0～3 GHz频段范围,低硫煤具有较高的损耗,在3～11 GHz范围高硫煤和低硫煤的介电损耗差别不大,而在高频段16 GHz附近出现高硫煤明显高于低硫煤的吸收峰,在该频率处对微波能的吸收最大。因此,针对不同煤种,可以选择不同微波频段进行脱硫实验研究。

高硫煤和低硫煤介电损耗角正切值变化规律和虚部基本一致(图4-15),低硫煤略高于高硫煤,说明在同等微波条件下,低硫煤可能升温更

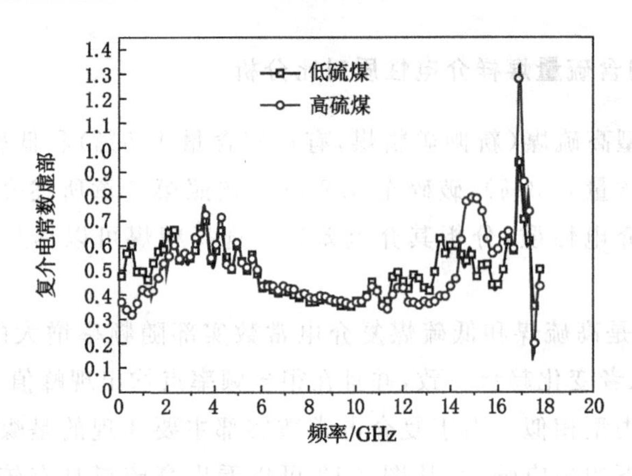

图 4-14　不同含硫量煤样复介电常数虚部

快。这与高硫煤对微波能量吸收更多的预期不太一致，这是由于含硫组分在煤中所占比例很小，可能是低硫煤中其他组分引起较高的损耗。

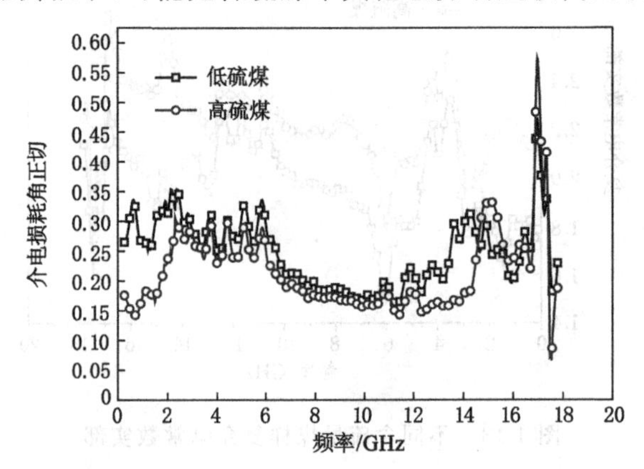

图 4-15　不同含硫量煤样介电损耗角正切

基于煤结构的复杂性，选取了结构均一的典型含硫模型化合物，对其介电性质差异开展研究，明确含硫组分对微波的介电响应差异。

4.4.4　含硫模型化合物介电性质分析

基于煤在热解过程中硫迁移机理的复杂性，很多研究者[137-140]采用模型化合物进行硫迁移行为的研究，这为研究煤中硫在转化脱除过程中变迁规律奠定了一定的基础。

根据煤中有机硫 XPS 测定结果，同时配合介电测试对样品的物性要求，分别选取硫醇类（正十八硫醇）、硫醚类（二苯二硫醚）、噻吩类（二苯并噻吩）、砜类（二苯砜）、亚砜类（二苯亚砜）测试其介电性质，总结介电响应规律。

为确定含硫键的响应，同时选择结构相似但不含硫键的其他模型化合物十九烷、十八醇、氧芴等与含硫模型化合物对比分析。模型化合物结构与性质见 2.1.2。

测试条件以及样品制备方法和煤样一致，见 2.1 所述，模型化合物介电性质测试结果如图 4-16 至图 4-18 所示。

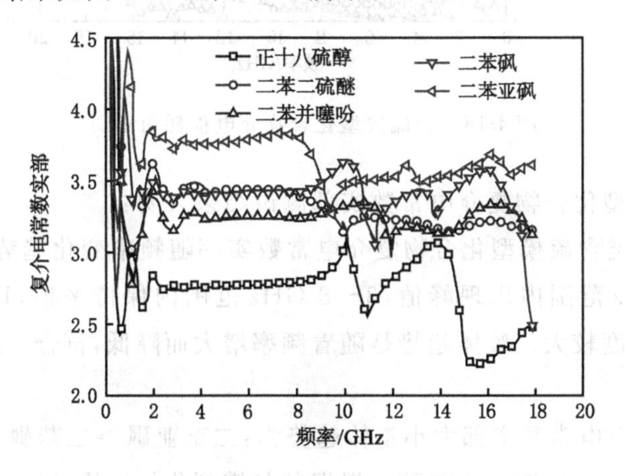

图 4-16　含硫模型化合物复介电常数实部

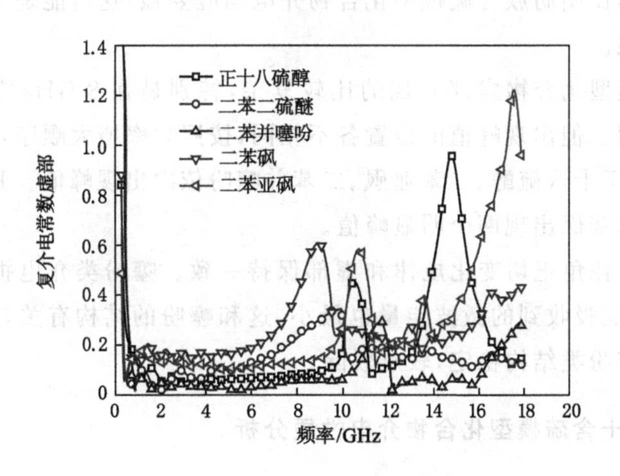

图 4-17　含硫模型化合物复介电常数虚部

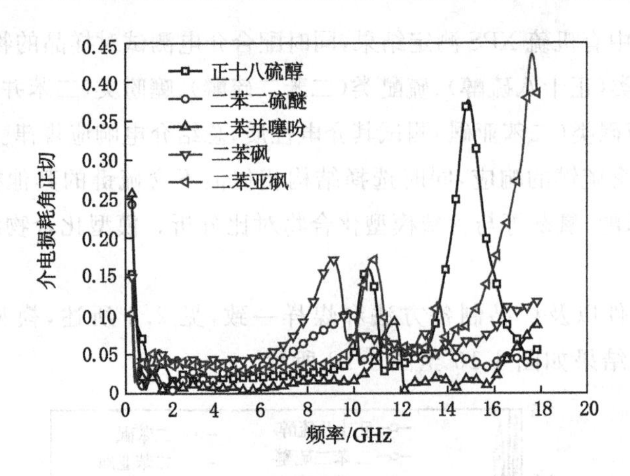

图 4-18　含硫模型化合物介电损耗角正切

含硫模型化合物复介电常数实部测试结果表明：

(1) 五类含硫模型化合物复介电常数实部随频率变化趋势基本一致，在 0～3 GHz 范围内出现峰值，3～8 GHz 范围内保持平稳，10～18 GHz 出现峰值幅度较大。整体趋势是随着频率增大而降低，符合一般电介质变化规律。

(2) 复介电常数实部大小整体趋势为：二苯亚砜＞二苯砜＞二苯二硫醚＞二苯并噻吩＞正十八硫醇。根据其各模型化物结构可知，芳香类含硫模型化合物比脂肪族含硫模型化合物介电响应要强，这可能是由于苯环的振动比较强。

含硫模型化合物虚部表现的比较复杂，特别是在 8 GHz 之后出现比较大的峰值。但出现峰值的位置各不相同，按照频率增大顺序，二苯砜、二苯二硫醚、正十八硫醇、二苯亚砜、二苯并噻吩依次出现峰值。其中正十八硫醇和二苯亚砜出现两个明显峰值。

介电损耗角正切变化规律和虚部保持一致。噻吩类介电损耗角正切最小，其可能吸收到的微波能量也最小，这和噻吩的结构有关，文献[141]研究表明噻吩类结构稳定，较难脱除。

4.4.5　煤＋含硫模型化合物介电性质分析

选取低硫煤和含硫模型化合物(正十八硫醇)，将含硫模型化合物溶于酒精，按质量比6%加入低硫煤中，充分搅拌，超声振荡10 min。置于110 ℃恒温箱至乙醇全部挥发。分别测定低硫煤、正十八硫醇及低硫煤+6%正十八硫醇混合物介电性质，分别以复介电常数实部、虚部、介电损耗角正切为纵坐标，频率为横坐标作图。

图4-19是煤样、含硫模型化合物以及二者混合物的复介电常数实部随频率变化情况。根据图4-19可见，纯的含硫模型化合物复介电常数实部大于煤样，具有强极化能力。混合物复介电常数实部高于煤样，说明含硫模型化合物的加入提高了煤样的极化能力。同时也说明，煤中含硫组分含量增加能够提高其介电响应能力，这和低硫煤的复介电常数实部低于高硫煤的实验现象一致。加入含硫模型化合物后，复介电常数实部变化规律和煤保持一致，在高频段出现多个峰值。

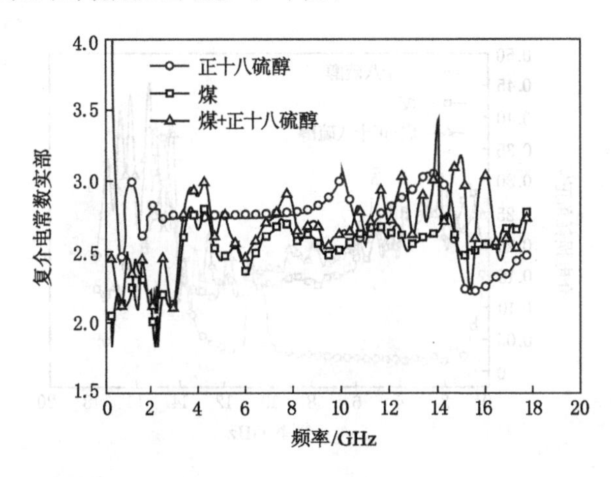

图4-19 煤样、含硫模型化合物以及二者混合物的复介电常数实部

混合物(煤+含硫模型化合物)的复介电常数虚部高于煤样和含硫模型化合物，说明在混合物受到微波辐照时，微波能量损耗较大，转化的热能也较多。随着频率增大，混合物的复介电常数虚部先增大后降低，在多个频率点均有峰值出现(图4-20)。

介电损耗角正切随频率变化规律和虚部一致，总结可知，煤中掺混含硫模型化合物对于煤样的复介电响应是有很大影响的。煤中含硫组分的含量、性质的差异对于微波脱硫的条件选择会产生影响(图4-21)。

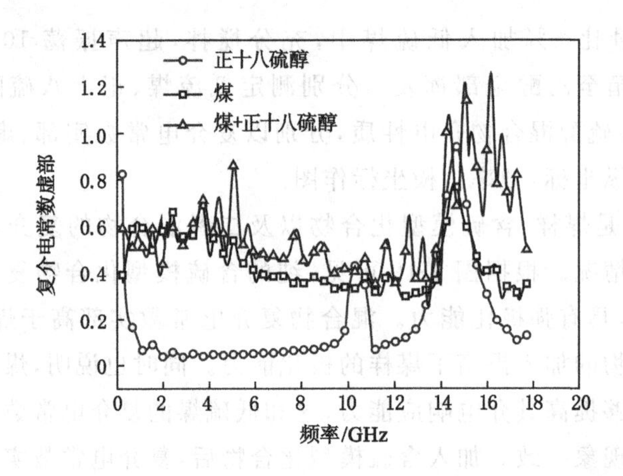

图 4-20　煤、含硫模型化合物以及二者混合物的复介电常数虚部

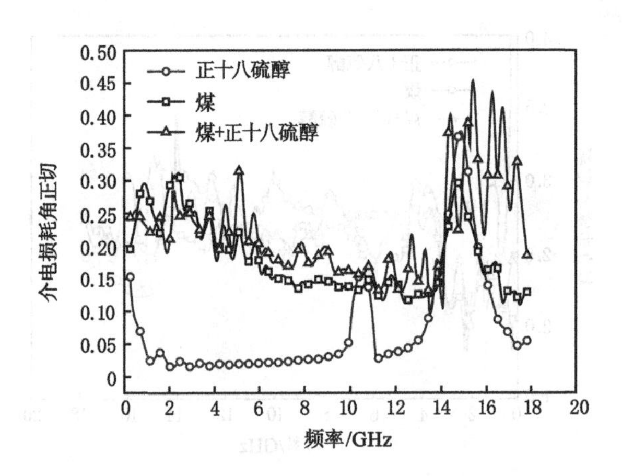

图 4-21　煤、含硫模型化合物以及二者混合物的复介电损耗角正切

4.4.6　含硫模型化合物与对应不含硫模型化合物介电性质分析

筛选含硫模型化合物和对应的不含硫模型化合物，分别进行介电性质测试，通过两者之间的差异，探寻含硫键对微波的响应。

1. 脂肪族(硫醇类)

选取十八醇、十九烷、正十八硫醇，分别测定其复介电常数，计算介电损耗角正切，并以复介电常数实部、虚部、介电损耗角正切为纵坐标，频率为横坐标作图，如图 4-22 至图 4-24 所示。

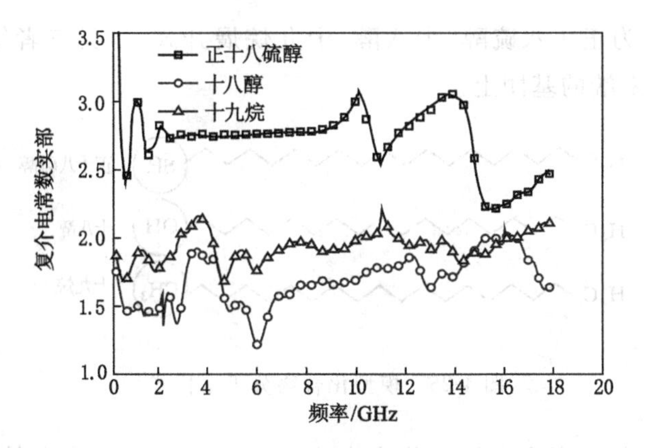

图 4-22 脂肪族类模型化合物复介电常数实部

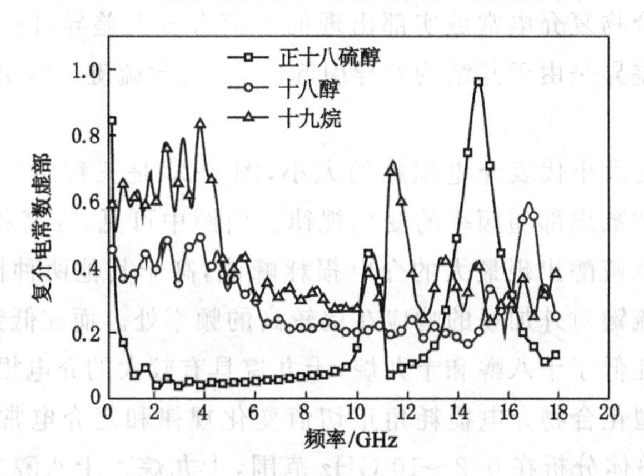

图 4-23 脂肪族类模型化合物复介电常数虚部

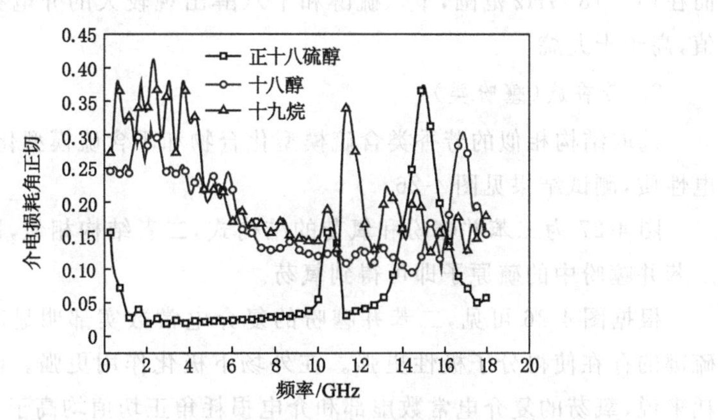

图 4-24 脂肪族类模型化合物介电损耗角正切

图 4-25 为正十八硫醇、十八醇、十九烷展开式,可见三者结构差异仅表现在长链末端的基团上。

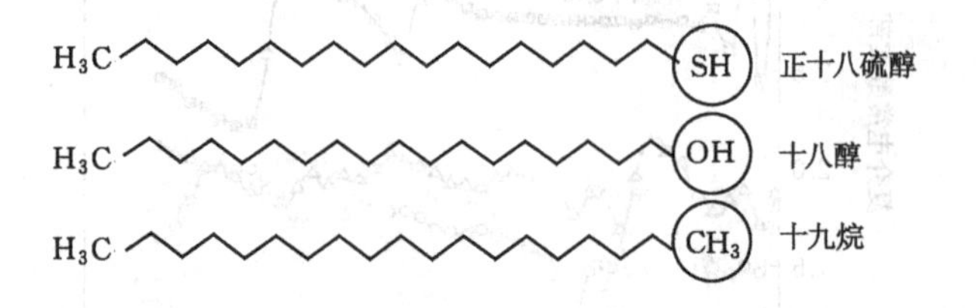

图 4-25　模型化合物分子结构式

对比分析,三者介电极化能力大小为正十八硫醇>十九烷>十八醇;三种模型化合物复介电常数实部出现的峰值有较大差异(图 4-22)。而这些介电性质差异是由于其结构差异引起的,可见含硫键能够引起较大的极化响应。

虚部值的大小代表介电损耗的大小,图 4-23 是三种脂肪族模型化合物的复介电常数虚部随频率的变化规律。由图中可见,在高频段(16 GHz 附近),正十八硫醇出现最大的介电损耗峰值,高于其他两种模型化合物,同时说明含硫键对外加场的响应在比较高的频率处。而在低频段,正十八硫醇介电损耗低于十八醇和十九烷,十九烷具有较大的介电损耗。

三种模型化合物介电损耗角正切值变化规律和复介电常数虚部类似(图4-24)。整体分析在 0.2～10 GHz 范围,十九烷>十八醇>十八硫醇。而在14～18 GHz 范围,十八硫醇和十八醇出现较大的介电损耗角正切峰值,高于十九烷。

2. 芳香族(噻吩类)

选取结构相似的芳香类含硫模型化合物和不含硫模型化合物,测试介电性质,测试结果见图 4-26。

图 4-27 为二苯并噻吩和氧芴的结构式,二者结构相似,以氧原子取代二苯并噻吩中的硫原子即可得到氧芴。

根据图 4-26 可见,二苯并噻吩的复介电常数实部明显高于氧芴。含硫键的存在使得分子极性更强。在外场下极化作用更强。而对于介电损耗来说,氧芴的复介电常数虚部和介电损耗角正切值均高于二苯并噻吩。

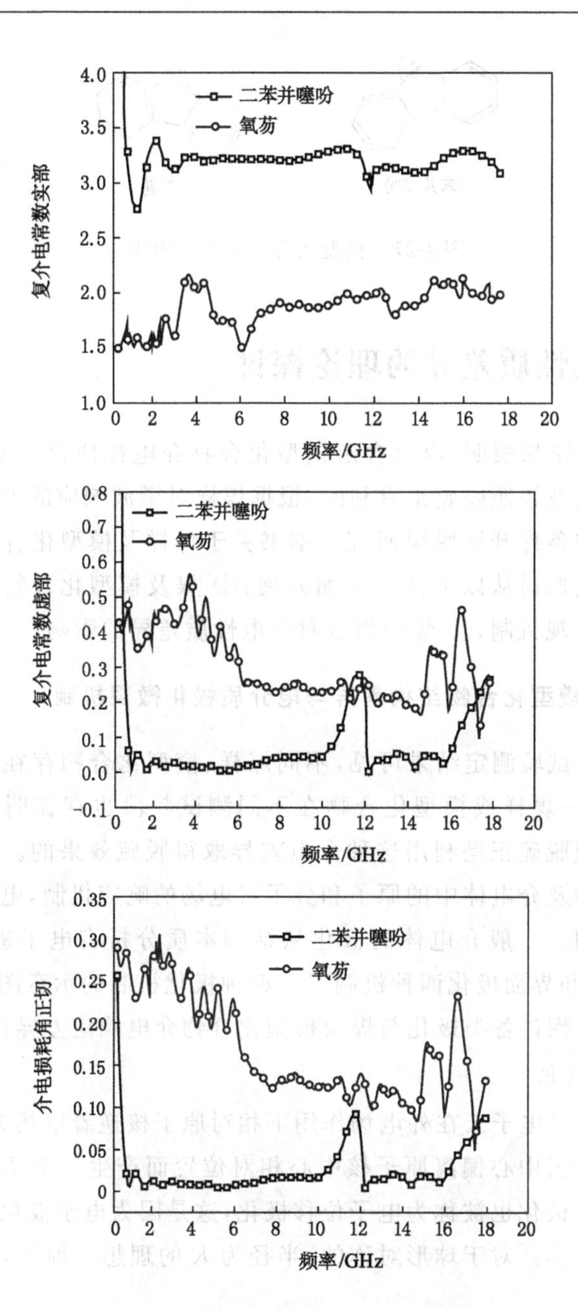

图 4-26 芳香族模型化合物介电性质

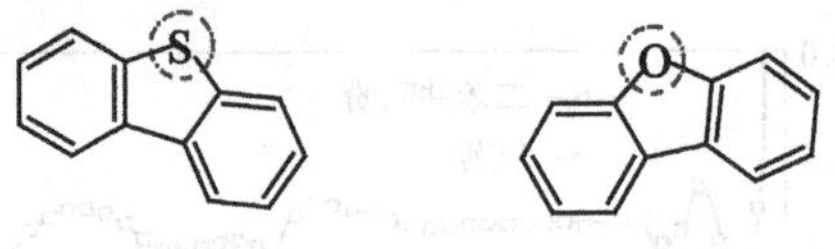

图 4-27　模型化合物分子结构式

4.5　介电性质差异的理论探讨

综合测试结果表明，煤及含硫模型化合物介电性质存在明显差异，这种差异对于微波辐照脱硫是有利的，根据煤样对微波响应的差异性可以选择相应的微波条件开展脱硫研究。本书关于煤样及模型化合物的介电性质差异的理论探讨从以下两个方面开展：① 煤及模型化合物自身结构的电介质极化微观机制；② 煤中组分对介电性质差异的影响。

4.5.1　煤及模型化合物结构差异与电介质极化微观机制

根据以上试验测定结果可见，不同煤样、模型化合物存在较大的介电响应差异，同一煤样或模型化合物在不同测试频段也存在明显的介电差异。微波辐照脱硫正是利用这种介电差异取得脱硫效果的。解释这些差异性变化要涉及介电体中的原子和分子对电场的响应机制，电介质学中称之为极化机制。一般介电体的极化从结构本质分析有电子极化、离子极化、取向极化和界面极化四种机制[131]，四种极化机制的示意图见图 4-28。

下面分别探讨各类极化与煤及模型化合物介电响应差异性的关系。

1. 电子极化

电子极化是电子云在外电场作用下相对原子核逆着电场方向移动，结果使基团电子云中心偏离原子核中心相对位置而产生一个诱导的偶极矩的现象。电子极化也被称为电子位移极化，这是因为电子极化产生于正负电荷的相对位移。对于球形对称的、半径为 R 的理想化原子，诱导偶极矩可按下式计算：

$$\mu_e = 4\pi\varepsilon_0 \cdot R^3 \cdot E_{\mathrm{eff}} \tag{4-49}$$

极化强度为该偶极矩和偶极子密度 N 的乘积

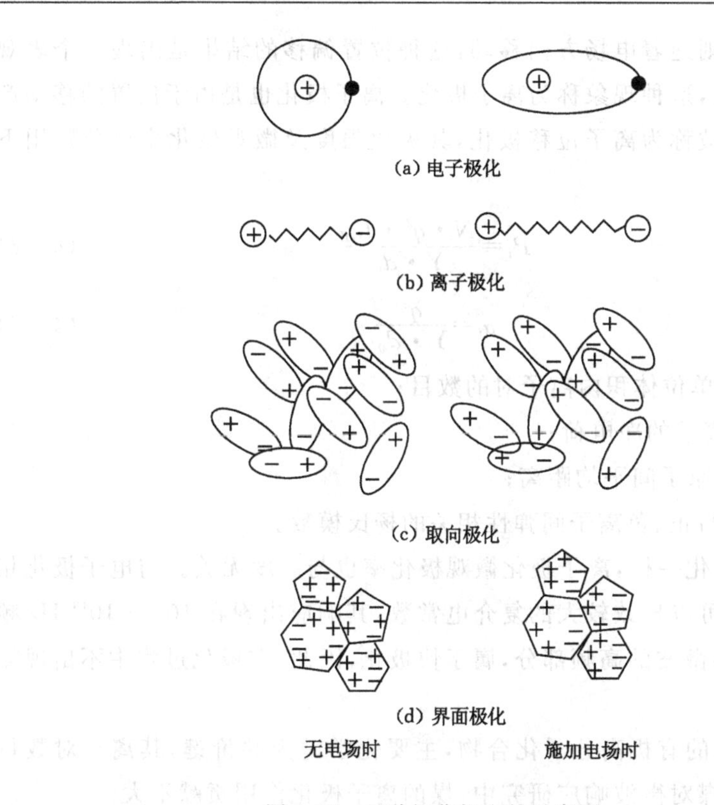

图 4-28　四种极化概念的示意图

$$P_e = N \cdot \mu_e = 4\pi\varepsilon_0 \cdot N \cdot R^3 \cdot E_{eff} = N \cdot \alpha_e \cdot E_{eff} \tag{4-50}$$

其中

$$\alpha_e = 4\pi\varepsilon_0 \cdot R^3 \tag{4-51}$$

α_e 是电子极化的微观极化率，α_e 也与温度无关，因为 α_e 约定于原子中的电子结构，电子结构不会随温度变化。这种极化形式几乎在所有物质中都会发生，当撤销电场时极化消失。电子极化一般出现在 $10^{14} \sim 10^{16}$ Hz 的可见到紫外频率范围，对电场响应速度极快。

煤及含硫模型化合物中也存在电子极化，但是在微波频段电子极化对其介电响应基本没有贡献，在微波段电子极化作用可以忽略。

2. 离子极化

离子晶体中存在离子偶极子对，在外电场作用下离子偶极子对中每个离子都会偏离平衡位置发生位移，根据受力结果，正离子会顺着电场方向移动，负离子则逆着电场方向移动，这种位置偏移的结果是出现一个表观的诱导偶极矩，这种现象称为离子极化。离子极化也是由于位置的移动产生的，所以也被称为离子位移极化，其极化强度及微观极化率可分别用下式表示：

$$P_i = \frac{N \cdot q^2 \cdot E_{\text{eff}}}{Y \cdot d_0} \tag{4-52}$$

$$\alpha_i = \frac{q^2}{Y \cdot d_0} \tag{4-53}$$

式中 N——单位体积内离子对的数目；

q——离子的净电荷；

d_0——原子间平均距离；

Y——与正、负离子间弹性相关的杨氏模数。

与电子极化一样，离子极化微观极化率也与温度无关。与电子极化相比，离子极化可以导致较大的复介电常数，其响应出现在 $10^{11} \sim 10^{13}$ Hz 频率段的红外和微波的高频部分，属于快极化，因此，在极化过程中不出现能量的损耗。

煤是复杂的有机高分子化合物，主要化学键为共价键，其离子对数量有限，所以在煤对微波响应研究中，煤的离子极化作用贡献不大。

3. 取向极化

取向极化也称偶极子极化或偶极子取向极化，是极性聚合物中能够自由转动的固有偶极子的极化。取向极化中固有偶极子的特点是能够自由旋转且互不依赖，这和离子极化机制明显不同。如图 4-29 所示，在无外电场时，极性分子保持热力学平衡，固有偶极矩 μ_0 任意取向，由于各个方向上取向的概率相等，所以总的宏观偶极矩之和为零，不存在净的极化 P_0。在外加电场作用下，由于受到电场力矩 L 的作用，每个偶极子都将转向电场方向，结果是偶极子某种程度上排列起来，偶极矩加和产生与外电场同方向的宏观偶极矩，此时，净的极化不再为零，这种极化称为偶极子的取向极化。

参考文献[142]可知偶极极化的微观极化率为：

$$\alpha_0 = \frac{\mu_0^2}{3kT} \tag{4-54}$$

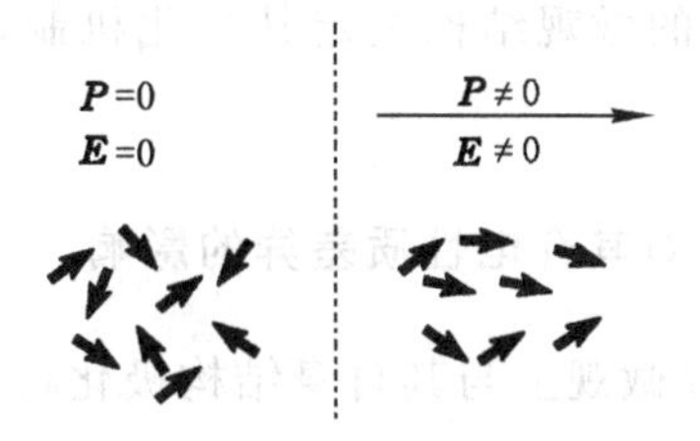

图 4-29 取向极化示意图

偶极子取向极化的极化强度矢量为

$$P_0 = N \cdot \alpha_0 \cdot E_{eff} \tag{4-55}$$

取向极化的偶极矩和温度有关，其大小与热力学温度呈反比，这是偶极子极化与电子极化和离子极化最大的不同。取向极化一般需要较长的时间，多发生在微波和较高的射频段，属于慢极化。这是因为它受到电场转矩的作用、分子热运动的阻碍以及分子之间的相互作用。取向极化过程伴随有能量的损耗，微波段介电损耗主要产生于取向极化。煤中大分子结构较多，所以存在取向极化。

4. 界面极化

在两种材料的相界面或者同一种材料内部的两个不同区域间有自由电荷集聚时将形成电荷材料空间中分布的不均匀，从而产生宏观偶极矩，这种现象称为界面极化或空间电荷极化。这种极化机制一定程度上可以等效地看成偶极取向型极化。界面极化主要存在于具有相界面的不均匀材料以及具有缺陷、颗粒、杂质的材料中。煤是一种混合物，存在界面极化。

一种材料的极化来自所有极化的机制贡献的总和。煤是以结构十分复杂的大分子形式存在的，煤中主要的化学键是共价键，取向极化是其在微波段的主要极化形式。在交变电场的作用下，极性分子极化程度与交变电场在同一方向作用时间的长短，也就是交变电场的频率大小有关，所以煤的介电极化与复介电常数大小就与外加电场的频率有很大的关系，在较高的测试频率下，交变电场在同一方向的作用时间就会较短，在较低频率下，交变电场所作用的时间较长。当煤中极性基团的分子固有电偶极矩转动频率与外场频率一致时，极化最强，对应出现复介电常数实部的峰值。

综上分析可见，煤的微观结构决定其极化机制，煤的主要极化机制为取向极化和界面极化。

4.5.2 煤中不同组分对其介电性质差异的影响

煤的介电性质差异微观上与其自身结构极化机制有关，宏观上主要由其矿物组成、含水量等因素决定。

对于由不同介电常数成分组成的颗粒均匀掺杂而成的混合物，无法明确地写出其电位移 $\boldsymbol{D}$ 和电场强度 $\boldsymbol{E}$ 的定域关系，此时无法确定在空间某点上介电常数属于哪一种成分，介电常数显示各向异性。但是我们可以对小区域进行平均电场的求解，这个区域包含足够的不同成分颗粒，混合物是各向异性的。其介电特性可以用等效介电常数表征。根据电介质原理，此时有

$$\langle \boldsymbol{D} \rangle = \varepsilon_{混} \langle \boldsymbol{E} \rangle \tag{4-56}$$

式中，$\langle \boldsymbol{D} \rangle$ 和 $\langle \boldsymbol{E} \rangle$ 分别是上述平均意义上的电位移和电场强度；$\varepsilon_{混}$ 为等效介电常数。

设混合介质电场强度为

$$\boldsymbol{E} = \langle \boldsymbol{E} \rangle + \delta \boldsymbol{E} \tag{4-57}$$

等效介电常数为：

$$\varepsilon_{混} = \langle \varepsilon \rangle + \delta\varepsilon \tag{4-58}$$

则存在

$$\langle \boldsymbol{D} \rangle = (\langle \varepsilon \rangle + \delta\varepsilon)\langle (\langle \boldsymbol{E} \rangle + \delta \boldsymbol{E}) \rangle \tag{4-59}$$

由于混合物各向异性，可知 $\langle \delta \boldsymbol{E} \rangle = \langle \delta\varepsilon \rangle = 0$，上式可写为

$$\langle \boldsymbol{D} \rangle = \langle \varepsilon \rangle \langle \boldsymbol{E} \rangle + \langle \delta\varepsilon \delta \boldsymbol{E} \rangle \tag{4-60}$$

章新喜[143]通过对同种成分的各微粒的体积求平均，同时对混合物的各成分求平均，使得 $\delta\varepsilon$ 保持不变，可以求解出式(4-60)中的第二项

$$\langle \delta\varepsilon \delta \boldsymbol{E} \rangle = -\frac{1}{3\langle \varepsilon \rangle} \langle \boldsymbol{E} \rangle \langle (\delta\varepsilon)^2 \rangle \tag{4-61}$$

代入式(4-60)得

$$\langle \boldsymbol{D} \rangle = \left[\langle \varepsilon \rangle - \frac{\langle (\delta\varepsilon)^2 \rangle}{3\langle \varepsilon \rangle} \right] \langle \boldsymbol{E} \rangle \tag{4-62}$$

与式(4-59)比较，可推出

$$\varepsilon_{混} = \langle \varepsilon \rangle - \frac{\langle (\delta\varepsilon)^2 \rangle}{3\langle \varepsilon \rangle} \tag{4-63}$$

对介电常数上述意义上的平均是在不同课题均匀掺杂的基础上对整个体积的平均，即

$$\langle \varepsilon \rangle = \frac{1}{V}\int \varepsilon \mathrm{d}\tau \tag{4-64}$$

对式(4-64)开三次方，整理对比可得

$$\langle \varepsilon^{1/3} \rangle = \frac{1}{V}\int \varepsilon^{1/3} \mathrm{d}\tau = \sum_i \frac{\varepsilon_i^{1/3} \Delta V_i}{V} = \sum_i \varepsilon_i^{1/3} \frac{\Delta V_i}{V} = \sum_i c_i \varepsilon_i^{1/3} \tag{4-65}$$

式中，$\Delta V_i / V = c_i$ 表示整个体系 V 中第 i 种成分所占体积之比，即体积比率，则

$$\varepsilon_{混}^{1/3} = \sum c_i \varepsilon_i^{1/3} \tag{4-66}$$

上式为混合物介电常数的立方根公式，煤是一种非同质的混合物。

新峪密度小于 1.3 g/cm^3 低灰煤样与掺混矿物质的混合物复介电常数差异性可以根据这一理论依据解释。高复介电常数的矿物质对煤样复介电常数贡献较大。文献[144]表明不同实验条件下，高岭石的复介电常数实部介于 28.29～49.14，远高于精煤的复介电常数，根据式(4-66)可知高岭石含量增加使得复介电常数实部升高。所以在微波脱硫实验中，适当增大高复介电常数实部的矿物质含量有利于提高物料对微波的响应能力，以达到更好的脱硫效果。

不同密度级煤样介电性质差异也是由于其各自组分差异引起的。分析图 4-9，密度大于 1.8 g/cm^3 的煤样 ε' 明显高于其他密度级煤样。根据式(4-66)可知煤及矿物混合颗粒群的复介电常数满足立方根相加定律。由于煤中矿物质和黄铁矿复介电常数高于纯煤[144]，按照上述复介电常数立方根相加定律公式计算可知，煤中矿物质和黄铁矿含量越高，所占比例越大，ε' 就越大。由表 3-8 可知密度大于 1.8 g/cm^3 的煤样灰分较高，同时因为黄铁矿密度较大，浮沉实验后该密度级富集较多黄铁矿，而黄铁矿 ε' 在 25.09～50 之间，所以密度大于 1.8 g/cm^3 的煤样 ε' 明显高于其他密度级煤样。

煤粉中常含有水分，由此引起煤的复介电常数发生变化，水分对煤样介电性质影响还要考虑煤样中的孔隙率等因素。水的复介电常数为 80 左

右，代入式(1-1)可知，含水煤样的介电响应高于干燥煤样(图 4-11)。

4.6 本章小结

(1) 所选三种煤样介电性质差异较大，在 0.2～18 GHz 均出现多个峰值。新峪原煤复介电常数实部随频率增大呈下降趋势，符合德拜弛豫；新阳原煤和新柳精煤复介电常数实部变化规律相似，整体为上升趋势。

(2) 高岭石对于煤的介电性质影响很大，使得 ε'、ε'' 均增大，方解石对介电性质基本没有影响，石英介于二者之间；不同粒度级精煤 ε' 范围在 3～5 之间，在 0.2～10 GHz，ε' 基本随粒度增加而减小，10～18 GHz 范围，粗颗粒煤样 ε' 迅速降低，而细颗粒基本不变，ε'' 变化范围在 0～3 之间，ε'' 随粒度增大而降低；密度大于 1.8 g/cm^3 的煤样 ε' 明显高于其他密度级煤样，灰分高的煤样复介电常数实部高于灰分低的煤样；配 10%水的煤样复介电常数实部明显高于干燥煤样。

(3) 高硫煤和低硫煤复介电常数实部变化趋势一致，并且在很多频率点均出现峰值，这两种煤样的介电极化类型相似。高硫煤具有较高的复介电常数实部，其含有的极性分子较多，对于微波的响应强于低硫煤。

(4) 五类含硫模型化合物复介电常数实部随频率变化趋势基本一致，在 0～3 GHz 内出现峰值，3～8 GHz 范围保持平稳，10～18 GHz 出现峰值幅度较大；整体趋势是随着频率增大而降低，符合一般电介质变化规律；复介电常数实部大小整体趋势为：二苯亚砜＞二苯砜＞ 二苯二硫醚＞二苯并噻吩＞正十八硫醇；芳香类含硫模型化合物比脂肪族含硫模型化合物介电响应要强。

(5) 含硫模型化合物复介电常数实部大于煤样，混合物(煤＋6%含硫模型化合物)复介电常数实部高于煤样，含硫模型化合物的加入提高了煤样的极化能力，煤中含硫组分含量增加能够提高其介电响应能力。

(6) 含硫模型化合物和不含硫模型化合物介电性质随频率的变化有明显的不同，表明含硫键对微波具有较为明显的响应。

研究结论对于微波脱硫实验频段选择、影响因素研究有一定指导意义，考虑到微波脱硫过程是一个动态变温过程，变温过程煤样复介电常数微波响应规律研究将在以后的工作中开展。

5 炼焦煤含硫组分脱除的量子化学模拟计算

5.1 煤炭微波辐照过程的量子化学研究

各种实验手段和分析仪器对研究煤含硫组分结构及其介电性质差异提供了可能，但是仅根据含硫组分结构及其介电性质差异推断微波脱硫过程是不够全面的。机理分析中由于关键的热力学和动力学数据的缺乏使得深入解析煤炭微波脱硫的反应机理遇到很多困难。近年来的研究表明，量子化学计算方法对于煤的结构、物理性质、反应机理和反应活性，都能提供系统而可信的解释并作出一些指导实践的预测，使得化学反应的探讨比较方便地从分子水平进入到反应机理层次[141]。从这一点出发，在对煤结构模型进行筛选的基础上，选择有代表性的小分子模型化合物从量子化学的角度对它们的微观结构参数进行了计算，从而了解煤微波脱硫过程外加场对于含硫键及反应能量的作用。

5.1.1 量子化学计算的基本原理

量子化学方法是利用量子力学原理作为计算基础的电子结构方法。量子力学可由求解定态薛定谔方程来得到一个分子的能量和其他性质：

$$\hat{H}\psi = E\psi \tag{5-1}$$

式中，$\hat{H}$ 为哈密顿算符，综合描述了分子中各种运动和相互作用能量，能量包括原子核与原子核静电排斥能、核与电子静电吸引能、电子运动动能、电子与电子静电排斥能等；ψ 为分子波函数，用来描述电子在分子中各原子核外运动状态，它的平方表示分子中电子云在空间的概率密度；E 为分子的总能量。

量子化学的根本问题就是求解分子体系的薛定谔方程。多电子体系中电子结构和相互作用的全部描述都可以从薛定谔方程的解获得。但是目前精确求解薛定谔方程从数学上来看仍然是不可能的。求解方程就需要采用近似方法，由于近似假定的引入不同，对应就产生了不同的量子化学计算方法。

1. 三个基本相似理论

(1) 非相对论近似

电子必须保持很高的运动速度才能在原子核附近运动的同时不被原子核捕获。相对论指出，此时电子的质量 m 应该由电子运动速度 v、光速 c 和电子静止质量 m_0 共同决定，不是一个常数，即

$$m=\frac{m_0}{\sqrt{1-\frac{v^2}{c^2}}} \tag{5-2}$$

但是非相对论近似则不考虑相对论效应，认为电子的质量就等于 m_0。一般的化学反应不涉及原子核的变化，仅是核的相对位置发生变化。这样，多粒子体系，算符 $\hat{H}$ 可写出简化表达式，此时定态薛定谔方程为：

$$\hat{H}=\hat{T}+\hat{V} \tag{5-3}$$

$$\hat{T}=-\sum_{I}\frac{\hbar^2}{2M_I}\nabla_I^2-\sum_{i}\frac{\hbar}{2m_i}\nabla_i^2 \tag{5-4}$$

$$\hat{V}=-\sum_{i}\sum_{I}\frac{Z_Ie^2}{r_{iI}}+\sum_{i}\sum_{j<i}\frac{e^2}{r_{ij}}+\sum_{I}\sum_{J<I}\frac{Z_IZ_Je^2}{r_{IJ}} \tag{5-5}$$

式中 r——两粒子间的距离，m；

M——核的质量，kg；

m——电子质量，kg；

Z——分子中核的电荷数，即原子序数；

e——基本电荷(1.602 177 33×10^{-19} C)。

这一方程依然是复杂的，它包含了核和电子两项，因此难于求解，需要引入一种近似，将核的运动和电子的运动分开。

(2) Born-Oppenhimer 近似

基于当核的位置发生微小变化时，电子能迅速调整自己的运动状态使之与变化后的库仑场相适应这一特性，Born 和 Oppenhimer 建议可将电子和原子核的运动分开处理，称为 Born-Oppenhimer 近似[145]。这一近似的

要领是：

① 将分子整体的平移、转动以及核的振动运动分离出去；

② 讨论电子运动时，将坐标系原点设定在分子质心上，并令其随分子整体一起平移和转动；

③ 令各原子核固定在它们振动运动的某一瞬时位置上。

采用这一近似后，分子体系动能算符 $\hat{T}$ 中的第一项核动能项可以忽略，势能算符 $\hat{V}$ 中的第三项核排斥势能项，对于给定的分子核构型是常数。这样，对于给定构型的分子体系，其总的状态函数 $\Psi(r,R)$ 可以分离为核状态函数 $\Phi(R)$ 与电子状态函数 $\psi(r,R)$ 的乘积，即

$$\Psi(r,R)=\Phi(R)\cdot\psi(r,R) \tag{5-6}$$

式中，r 和 R 分别为电子和核的坐标。在电子状态函数 $\psi(r,R)$ 中，核坐标 R 是以参数形式而不是变量形式出现的。这样大大地方便了薛定谔方程的求解。在 Born-Oppenhimer 近似下，描述电子的算符 $\hat{H}$ 为：

$$\hat{H}=-\sum_{i}\frac{\hbar^2}{2m_i}\nabla_i^2-\sum_{i}\sum_{I}\frac{Z_Ie^2}{r_{iI}}+\sum_{i}\sum_{j<i}\frac{e^2}{r_{ij}} \tag{5-7}$$

(3) 轨道近似[146]

非相对论近似和 Born-Oppenhimer 近似旨在最大程度上简化哈密顿算符，轨道近似的目的是寻求分子波函数的一种合理、简洁的近似表达形式，与前两个近似结合，可使量子力学求解分子问题的主要障碍在原则上得以克服。

采用非相对论近似和 Born-Oppenhimer 近似后，简化的哈密顿表达式中含有 e^2/r_{ij} 项，因 r_{ij} 出现在分母中而无法分离变量。为近似求解多电子的薛定谔方程，还要引入第三个基本近似——轨道近似。

轨道近似的要点是：将电子间的库仑排斥作用平均化，每个电子均视为在核库仑场与其他电子对该电子作用的平均势相叠加而成的势场中运动，从而单个电子的运动特性只取决于其他电子的平均密度分布（即电子云），而与电子的瞬时位置无关。于是，每个电子的状态可分别用一个单电子波函数 φ_i 描述。又因各单电子波函数的自变量彼此独立，N 电子体系的波函数可写成 N 个单电子波函数的乘积，即

$$\psi(q_1,q_2,\cdots,q_N)=\psi_1(q_1)\psi_2(q_2)\cdots\psi_N(q_N) \tag{5-8}$$

根据数学完备集理论，体系状态波函数 ψ 应该是无限个 Slater 行列式波函数的线性组合。因此在处理多电子体系时，常将原子轨道线性组合成分子轨道。

2. 第一性原理计算

第一性原理，即指在计算时没有其他实验的、经验的或者半经验的参量。广义的第一性原理计算包括从头算法和密度泛函理论。

(1) 从头算法

从头算法就是在非相对论近似、Born-Oppenhimer 近似和轨道近似三个量子化学基本近似条件下，不再采用其他近似假定，只利用原子序数 Z、Planck 常数 h、电子的静止质量 m_e 和电量 e 四个基本物理常数，从 Hatree-Fock-Roothaan(HFR)方程出发，用自洽场(SCF)方法得到分子或其他多电子体系的分子轨道和能量，进而得到体系的相关属性。从头算法在计算原理上没有人为的因素，对分子体系没有特别的限制，能够对宽范围的系统进行高质量的定量预测。但是，从头算法的计算效率较低，所涉及的计算量非常大，并且随着分子体系中原子数的增加，计算量增加很快，必须采用合适的算法，对计算机的计算能力也有较高的要求。

(2) 密度泛函理论

在从头算法中，用电子波函数 ψ 描述体系基本变量，而密度泛函理论采用电子密度 ρ 来描述体系基本变量。这样对于一个 N 电子体系，它有 $3N$ 个变量的波函数，而电子密度只是 3 个变量的函数。因此采用密度泛函理论使得计算大大简化，从而缩短了计算时间。密度泛函理论为研究较大体系的化学性质提供了一条可能的途径。越来越多的研究者开始利用密度泛函理论来研究化学和煤化工中的化学问题[147-149]。

DFT(密度泛函)精确的泛函形式迄今未知，所以寻求越来越逼近精确泛函的近似泛函是 DFT 研究的中心任务之一。通常，人们将 DFT 分为五阶：

最早出现的是在均匀电子气模型基础上提出的局域密度近似(LDA)，LDA 假设空间上各点的交换关联能量密度完全是由该点的电子密度决定的，LDA 的优势是其处理体系电子密度变化比较平缓；缺点是在密度变化较快分子体系中，其精确度无法令人满意。这是第一阶。

第二阶是广义梯度近似(GGA)，GGA 是在考虑该点密度的同时考察该点的密度梯度，能够在一定程度上改善 LDA 的计算结果。常用的 GGA 泛函包括 PBE 和 PW91 两种方法。PBE 所采取的原则是保证泛函满足物理原理决定的严格的边界条件，尽量不或少拟合经验参数；PW91 则不管这些限制条件，只要能够接近实验结果，任何参数拟合的方法都是合法的。这是两种哲学的代表，而两种方法往往会得到相近的结果。

第三阶是在 GGA 的基础上增加了动能密度，被称为 meta-GGA。

第四阶是杂化泛函。杂化泛函是指用 KS 轨道计算 Hatree-Fock 类型交换能的精确交换和 GGA 交换关联混合的泛函。

第五阶为完全非局域泛函，它在原理上最精确，因为该泛函与所有占据和非占据的轨道都有关，这样的泛函不现实。

本书的研究工作中采用的是目前使用最多的广义梯度近似。

密度泛函理论能够对化学反应的本质从分子水平上进行了解，对反应中涉及的每一步基元化学反应进行确定，从而确定反应的路径。知道了反应路径，可以找出决定反应速率的关键所在，使主反应按照我们所希望的方向进行。在反应速率理论的发展过程中，过渡态理论在很大程度上弥补了碰撞理论的不足，对反应过程中分子的能量和构型变化做了较为详尽的描述。根据过渡态理论，原则上可不通过动力学实验数据，只通过量子化学计算出来的各热力学参量就能计算出反应速率常数的理论值。

5.1.2 反应过渡态理论

过渡态理论(Transition State Theory，TST)又称为活化络合物理论。20 世纪 30 年代，Eyring 等就提出了一个开创性的理论——化学反应过渡态理论，成功地用于阐释化学反应的机理及结构与反应性的关系[150]。他们认为任何绝热的化学反应过程，均要经过一个能量高于反应物和产物的过渡态，并且这一过渡态处于化学键生成和断裂的中间状态，其结构极不稳定，可以生成产物，也可能回到生成物。因此，如果能充分了解反应过渡态的分子结构和电子结构性质，对于了解反应的机理及影响化学反应速率的因素极有帮助。但是反应过程中过渡态的存在时间极短，很难从实验上得到大量有关的结构和物理性质等数据。虽然通过研究反应的活化能、活化熵以及动力学同位素效应能给出相应的过渡态实验信息，但远远不能满足化学家、生物学家对化学反应机理的探索。为了从理论上对过渡态进行探索，理论化学家们做了大量的工作，现在可以利用量子化学、分子力学等方法从理论上找到过渡态的分子结构。

为了详细地了解煤化工过程中涉及的某个反应的反应性，反应路径的计算是重要的部分，那么反应路径中的各基元步骤的确定就是这重要部分的一个重要的环节。在计算过程中，除了对反应路径中涉及的反应物、产物和中间体的结构进行优化外，过渡态结构的确认是很关键的。首先要进行过渡态的搜索，在DMol3程序中过渡态的计算方法采用同步转变方法，即根据已存在的反应物和产物的结构，寻找过渡态的结构。因此在计算过渡态之前，必须人为设定一条反应路线。线性同步转变方法(Linear Synchronous Transit，LST)是通过一个简单的线性搜索过程得到最大值。另一种方法是二次同步转变方法(Quadratic Synchronous Transit，QST)，即利用共轭梯度进行最小化。这两种方法单独或组合，可以得到五种搜索过渡态的方法。

(1) LST最大化(LST Maximum)，进行LST的最大化，得到反应物与产物之间的最大值。这是最快而最不准确的方法。

(2) Halgren-Lipscomb，是一种限制LST优化方法。在进行LST最大化后，只在一个方向上进行共轭梯度最小化。

(3) LST优化(LST Optimization)，进行LST的最大化后，在反应路径的共轭方向上能量进行最小化。最小化的步骤反复进行，达到设定的标准为止，这样寻找的过渡态接近真实的过渡态。通常把体系中原子上的力作为优化的标准，力为零时是理想状态，这时达到反应方向上的最大值。对于不同的体系，力的标准可以设定的不同，越接近零越接近真实的过渡态。

(4) Complete LST/QST，在进行LST优化后，进行共轭梯度最小化和QST的最大化计算，这个循环不断重复，达到设定的收敛标准为止。

(5) QST优化(QST Optimization)，在进行QST优化后，重复进行QST最大化和共轭梯度最小化计算，直到搜索到过渡态，计算达到设定的收敛标准为止。

在本研究过程中，采用Complete LST/QST方法对过渡态进行搜索。经过渡态搜索任务计算后得到的过渡态还需要进一步确认。在DMol3中采用NEB方法寻找能量最小路径(MEP)。NEB方法引进一个假想的弹簧力，它连着路径中相邻的点，从而确定路径和力的影射的连续性，以至于系统在能量最小点处收敛。这个最小点可能就是真实反应中的一个中间体，然后根据这个中间体的信息再对此基元反应进行计算，直到搜索到的过渡态直接连着反应物和产物，这样这个基元反应就确定下来了，以此再对反应路径中的其他基元反应进行确认，从而对反应路径进行确定。

5.2 模型化合物筛选

根据第3章煤中主要含硫组分类型测定结果选择小分子模型化合物，计算基本性质；选择含有苯环同时结构简单的苯硫醇进行反应过渡态研究。模型化合物具体性质见2.1.2。

5.3 基本几何性质计算

对所选模型化合物进行结构优化，同时计算其HOMO、LOMO轨道性质。

5.3.1 基本性质计算步骤

1. 构建含硫模型化合物

运行material studio，新建Project。

(1) 生成3D文档

在菜单上选择New，并且选择3D Atomistic Document后单击OK。此时文件名称出现在左侧的Project Explorer中，名称为3D Atomistic Document.xsd，在其上单击鼠标右键，选择ReName进行改名并进行保存。

(2) 将分子改变为球棍模型

在Display Style对话框中选择Ball and stick。

(3) 绘制分子环和原子链

在Sketch菜单上选择Sketch Ring工具，并移动到文档中绘制环，选择Sketch Atom工具，移动到环上，当原子变为绿色后表示可以进行绘制操作，单击原子将键连接到该原子上，然后移动鼠标并在合适位置单击设置另一个原子。

(4) 绘制硫原子

在 Sketch Atom 的选项箭头下选择氧原子,并以相同的方法绘制硫原子。

(5) 编辑原子类型

选中某个原子后,在 Modify 菜单下的 Modify Element 中选择对应原子来改变原子类型。或者可以在 Sketch 工具栏中选择 Modify Element 按钮来直接改变原子类型。

(6) 编辑键的类型

首先选择两个原子之间的键,然后用 Sketch 工具栏上的 Modify Bond Type 按钮来改变。

2. 设置计算参数

Task:Geometry Optimization 并在其 more 选项中设置 Quality 为 Medium。

交换相关泛函 LDA/VWN 基组:DND。

对构建好的原子加氢,调整,然后打开 Modules | DMol3 | Calculation 对话框,进行结构优化。优化结束后,右键－label－标示原子名称、键长、键级。

3. 在 Properties 中选择计算的性质

勾选需要计算的性质,激活优化后的结构。

4. 在 Job Control 中控制计算任务

5. 在结果中提取有用信息或者对结果进行 Analysis 得到可视化文件

5.3.2 基本性质计算结果分析

1. 键长计算

键长是两个成键原子 A 和 B 的平衡核间距离,是了解分子结构的基本构型参数,也是了解化学键强弱和性质的参数。对于由相同的 A 和 B 两个原子组成的化学键,键长值越小,键越强,越不易断键。各模型化合物键长标示如图 5-1 所示。

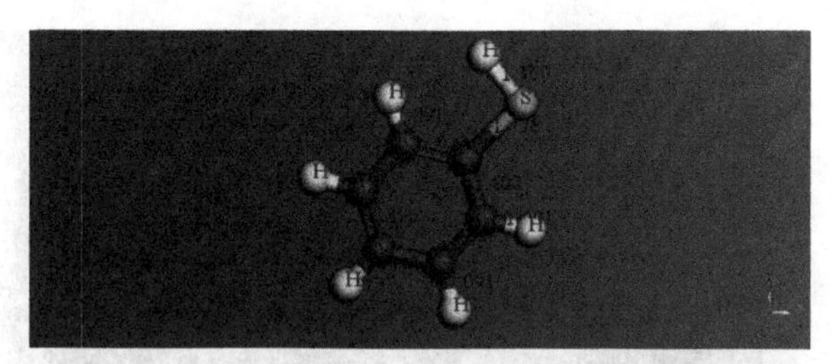

(a) 苯硫醇键长：C—S键最长，1.778 Å，比C—C键、C—H键均长

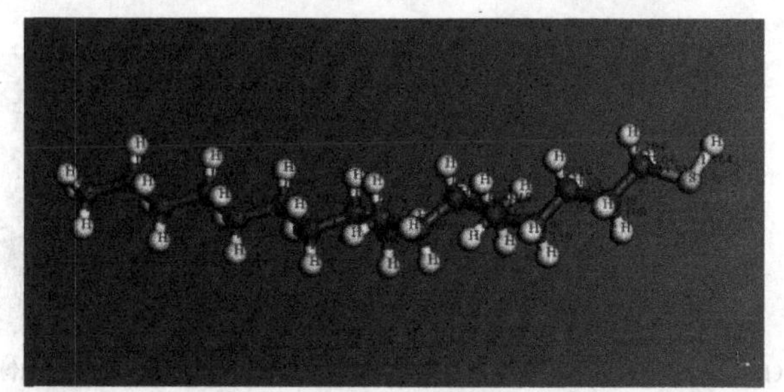

(b) 正十八硫醇键长：C—S键最长，1.810 Å，比C—C键、C—H键均长

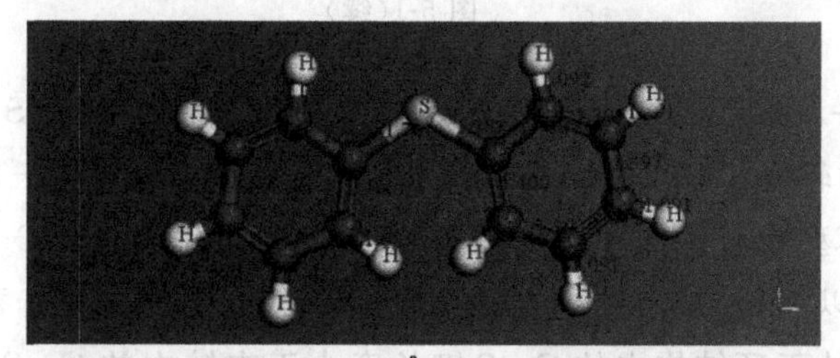

(c) 二苯二硫醚键长：C—S键最长，1.781 Å，比C—C键、C—H键均长，C—H键长最短

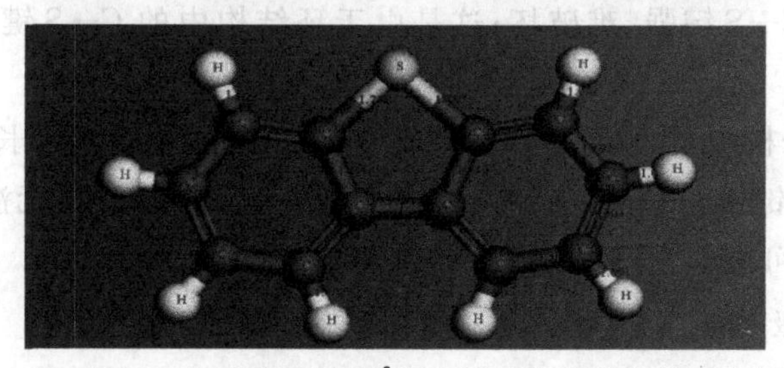

(d) 二苯并噻吩键长：C—S键最长，1.760 Å，比C—C键、C—H键均长，C—H键长最短

图 5-1 模型化合物键长计算结果

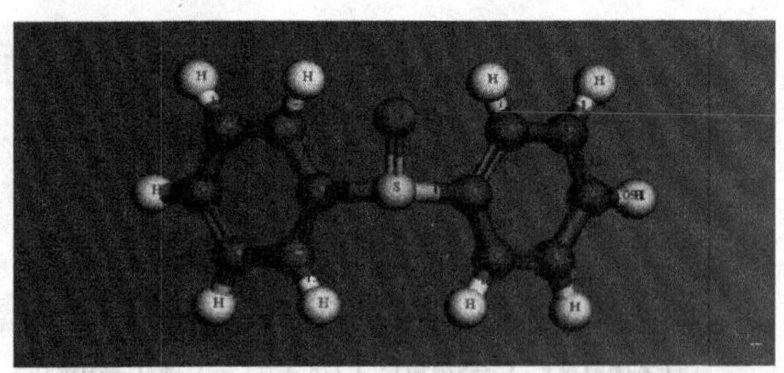

(e) 二苯亚砜键长：C—S键最长，1.832 Å，比C—C键、C—H键均长，C—H键长最短

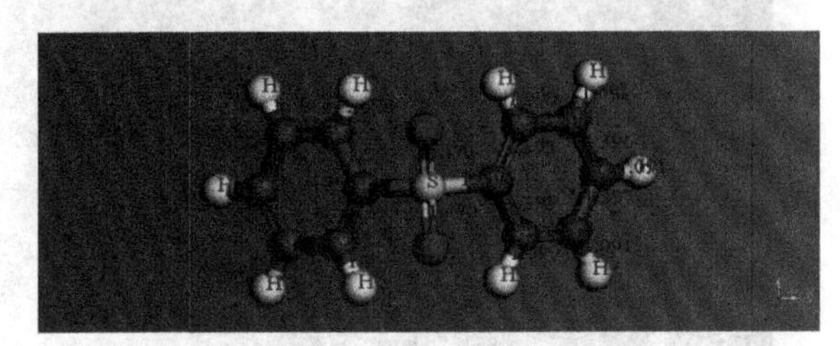

(f) 二苯砜键长：C—S键最长，1.796 Å，比C—C键、C—H键均长，C—H键长最短

图 5-1(续)

由图 5-1 可见，在各模型化合物键长计算结果中，C—S 键均最长，说明其键相对较弱，对比分析可见不含苯环的模型化合物 C—S 键键长大于芳香类的模型化合物键长，说明芳香族含硫模型化合物的 C—S 键较强，更难断裂，所以噻吩类含硫结构比硫醇硫醚类更难脱除；在芳香族含硫模型化合物中，处于环结构中的 C—S 键长度小于支链中的 C—S 键，说明构成环结构的 C—S 键强，难破坏；这是由于环结构中的 C—S 键对称性强，更稳定。

键长分析主要是比较了不同模型化合物的 C—S 键键长。由于 C—S 键和 C—C 键不是相同原子组成，所以单从二者键长分析无法比较确定其键的强弱，可以通过分析其键级来做进一步对比。

2. 键级计算

键级又称键序，是描述分子中相邻原子之间的成键强度的物理量，用于表示键的相对强度。键级最初是作为衡量化学键强度的参量被引出的，是指键合两原子形成化学键的重数，经典有机化学理论把键级只取整数。键级高，键强；反之，键弱。即对于键级小于 4 的大多数分子而言，键级越大，分子越稳定。各模型化合物键级计算结果如图 5-2 所示。

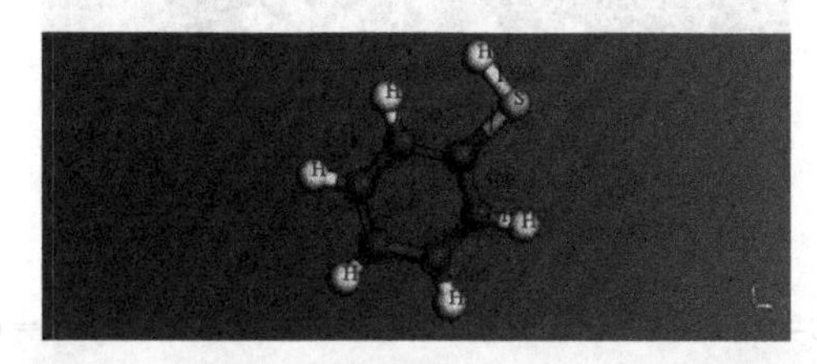

(a) 苯硫醇键级：C—S和C—H键键级均为1 000，C—C键键级为1 500

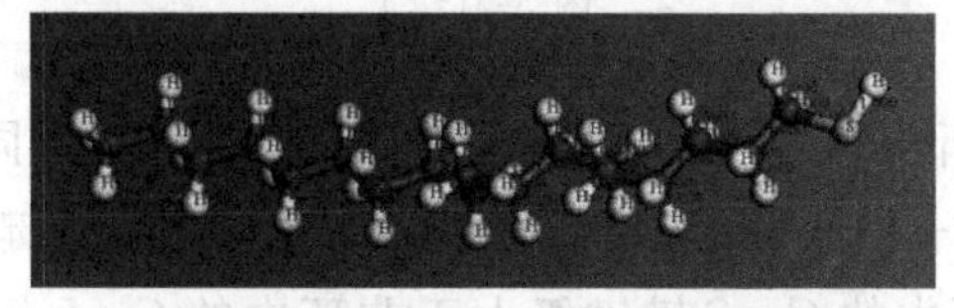

(b) 正十八硫醇键级：C—S和C—H、C—C键键级均为1 000

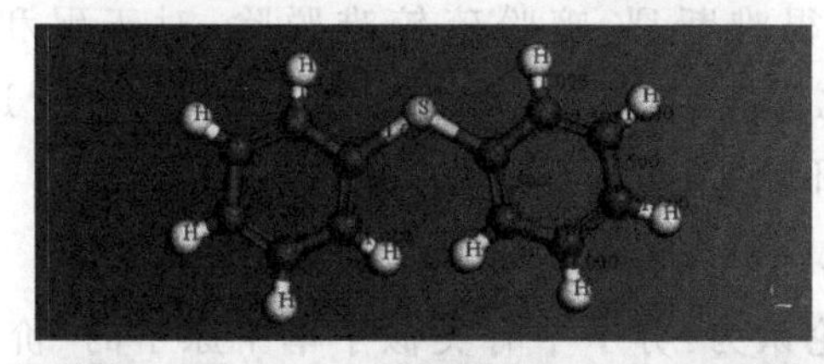

(c) 二苯二硫醚键级：C—S和C—H键键级均为1 000，C—C键键级为1 500

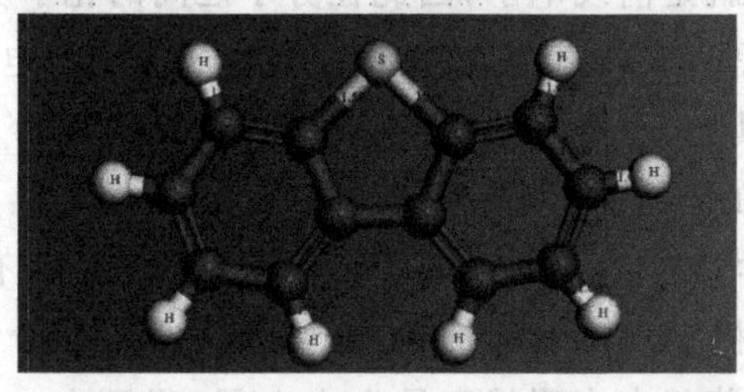

(d) 二苯并噻吩键级：C—H键键级为1 000，C—S和C—C键键级均为1 500

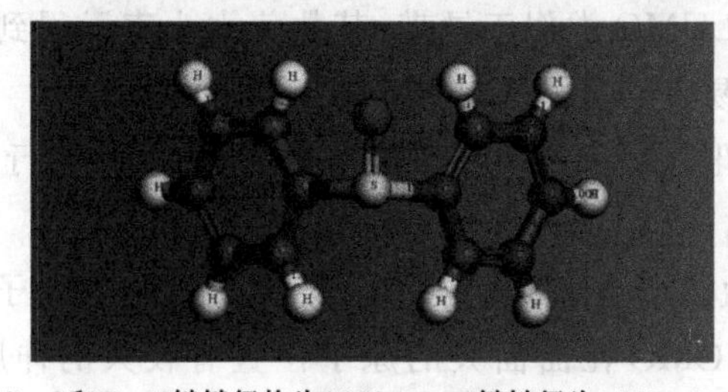

(e) 二苯亚砜键级：C—S和C—H键键级均为1 000，C—C键键级为1 500，S═O键键级为2 000

图 5-2　模型化合物键级计算结果

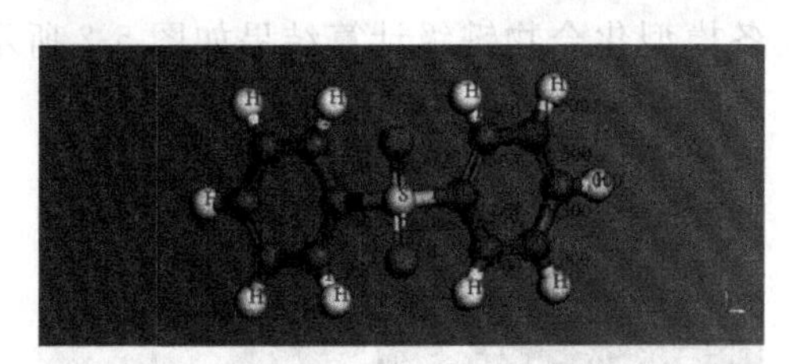

(f) 二苯砜键级：C—S和C—H键键级均为1000，C—C键键级为1500，S═O键键级为2000

图 5-2(续)

由图 5-2 分析可知，支链和桥链的 C—S 键键级小于同一分子中 C—C 键，其键强小于 C—C 键；而处于噻吩环结构中的 C—S 键键级和 C—C 键键级相等，噻吩环中的 C—S 键键级大于非环中的 C—S 键键级，意味着噻吩硫中的含硫键很难断裂，噻吩硫较难脱除；对于砜和亚砜这类含有 S═O 键的模型化合物，S═O 键键级最大，最稳定，对于这类模型化合物需要考虑如何破坏 S═O 键以达到脱硫效果。

3．HOMO、LUMO 轨道

前线轨道理论认为：分子中有类似于单个原子的“价电子”的电子存在，分子的价电子就是前线电子，因此在分子之间的化学反应过程中，最先作用的分子轨道是前线轨道，起关键作用的电子是前线电子。这是因为分子的 HOMO 对其电子的束缚较为松弛，具有电子给予体的性质，而 LUMO 则对电子的亲和力较强，具有电子接受体的性质，这两种轨道最易互相作用，在化学反应过程中起着极其重要的作用。有机半导体中的 HOMO 类似于无机半导体中的价带，其数值大小表示分子失去电子或得到空穴的能力，数值越大表明越容易失去电子(得到空穴)，同时越容易被氧化成正离子。LUMO 类似于导带，其数值大小表示得到电子的能力，数值越小表明越容易得到电子即越容易被还原成负离子。

计算各模型化合物 HOMO、LUMO 轨道，对结果进行 Analysis 分析可得到可视化文件，如图 5-3 所示。

在 HOMO 轨道图中，曲面的大小表示该位置的原子轨道在 HOMO 中贡献的多少，HOMO 在曲面大的原子位置有较大的伸展。福井谦一等指出：当一个分子与受体发生反应(这里分子是施主给出电子，受体是接受电子)，是发生在该分子 HOMO 伸展较大的位置上，也就是分子轨道图形

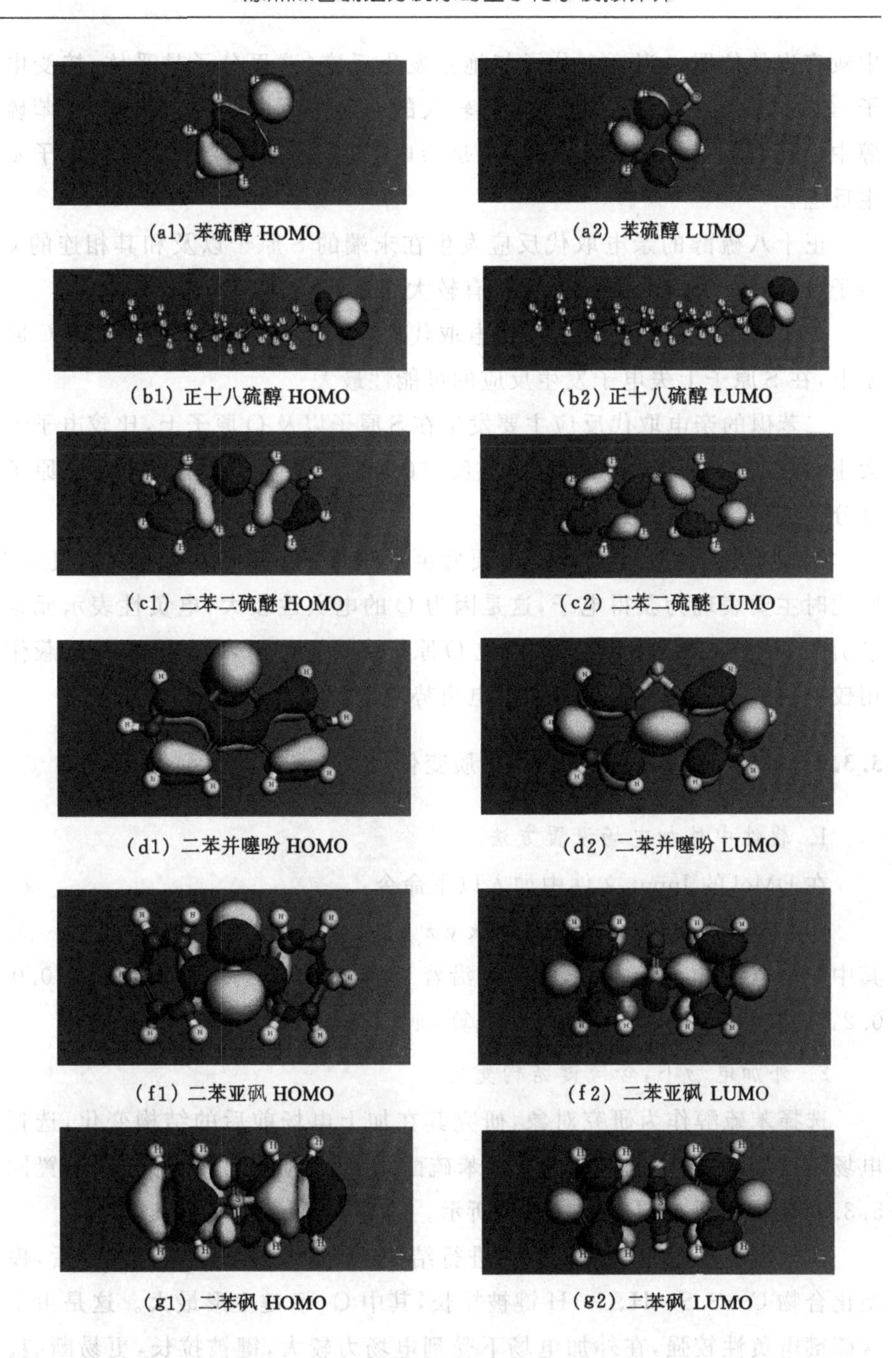
(a1) 苯硫醇 HOMO (a2) 苯硫醇 LUMO
(b1) 正十八硫醇 HOMO (b2) 正十八硫醇 LUMO
(c1) 二苯二硫醚 HOMO (c2) 二苯二硫醚 LUMO
(d1) 二苯并噻吩 HOMO (d2) 二苯并噻吩 LUMO
(f1) 二苯亚砜 HOMO (f2) 二苯亚砜 LUMO
(g1) 二苯砜 HOMO (g2) 二苯砜 LUMO

图 5-3 模型化合物分子轨道计算结果

中较突出的位置。当一个分子与施主发生反应(这里分子是受体,接受电子),是发生在该分子 LUMO 伸展较大的位置上。由此分析可知,在苯硫醇中,S 原子处 HOMO 伸展较大,是给电子的位置,S 原子易失去电子发生反应。

正十八硫醇的亲电取代反应发生在末端的 S 原子以及和其相连的 C 原子上,该原子处分子的 HOMO 有较大的伸展。

二苯二硫醚和二苯并噻吩亲电取代反应发生在 S 原子以及部分 C 原子上,在 S 原子上失电子发生反应的可能性最大

二苯砜的亲电取代反应主要发生在 S 原子以及 O 原子上,比较电子云大小发现,在 S 原子上失电子发生反应的可能性更大,这是因为在该原子处分子的 HOMO 有较大的伸展。

二苯亚砜的亲电取代反应主要发生在 O 原子和苯环中的 C 原子上,S 原此时主要表现为获得电子,这是因为 O 的电负性较大,电负性表示元素吸引电子倾向性的大小。S 原子比 O 原子多一层电子,因而电子的屏蔽作用较大,使 S 原子共价半径较大,电离势及电负性比氧小。

5.3.3 外加电场下含硫键基本性质变化

1. 软件中外加电场设置方法

在 DMol 的 Input 文件中加入以下命令:

Keywords:Electric_Field x y z

其中,x、y、z 为电场的方向,例如要沿着 z 方向加电场,则可输入 0.0 0.0 0.2,其单位为 au,若以国际单位换算,则 1 au=5.2×10^{11} V/m。

2. 外加电场下,含硫键结构变化

选择苯硫醇作为研究对象,研究其在加上电场前后的结构变化,选择电场强度为 0 au 和 0.05 au 下对苯硫醇进行结构优化,结构优化设置同 5.3.1,优化结果如图 5-4、图 5-5 所示。

在外加电场下对模型化合物进行结构优化时发现,外电场加入后,模型化合物 C—S、S—H、C—H 键被拉长,其中 C—S 键变形最大。这是由于含硫键电负性较强,在外加电场下受到电场力较大,键被拉长,更易断裂。可以预测在外加能量场下 C—S 键为反应断键位置。

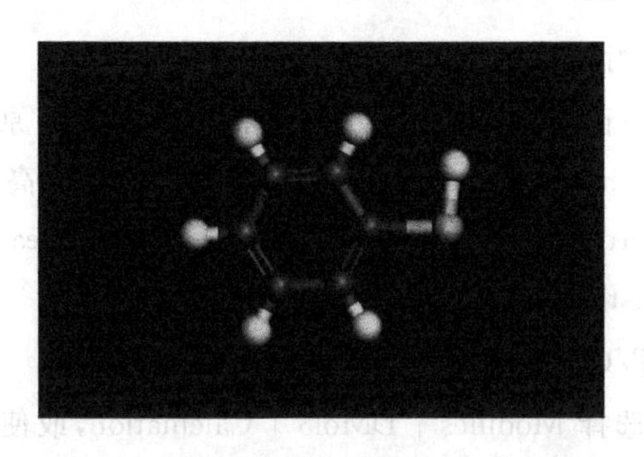

图 5-4 无外加电场时苯硫醇键长分布

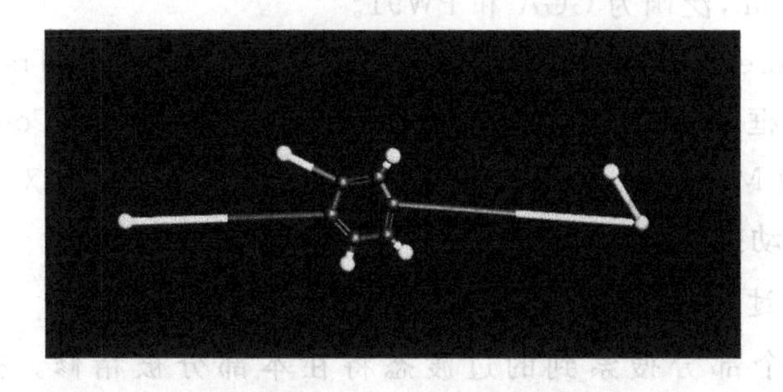

图 5-5 外加电场为 0.05 au 时苯硫醇键长分布

5.4 过渡态搜索计算

本书以结构较简单的含硫模型化合物苯硫醇为研究对象，利用 MS 中 DMol3 模块中的 Complete LST/QST 方法对过渡态进行搜索。

5.4.1 过渡态搜索过程设置

1. 建立一个计算模型

建立反应物 R 和中间体 IM1 的几何构型。

2. 优化分子结构

通过 DMol3 的几何优化功能对反应物和产物的结构进行优化，具体步骤见性质计算。

3. 定义原子对

用DMol3进行过渡态搜索，反应物和产物的所有原子都必须配对。在反应预览(Reaction Preview)对话框中，把帧数提高到100；勾选上Superimpose structures；单击Preview按钮，一个名为reactant-product.xtd的新的3D Atomistic Trajectory文件显示出来。

4. 使用LST/QST/CG方法计算过渡态

从菜单条中选择Modules | DMol3 | Calculation，或使用DMol3图标。在设置(Setup)标签栏里，把Task由几何优化改为TS Search。确定计算精度为Medium，泛函为GGA和PW91。

点击More...按钮显示DMol3过渡态搜索(DMol3 Transition State Search)对话框。确认搜索协议(Search protocol)设置为Complete LST/QST，精度为Medium。关闭DMol3 Transition State Search对话框。点击Run，开始自动搜索过渡态。

5. 精修过渡态

在前一个部分搜索到的过渡态将在本部分被精修。打开DMol3 Calculation对话框，在Setup标签栏里，把Task换成TS Optimization。其他的设置不变，点击Run。过渡态优化的任务被启动。

5.4.2 反应路径预判选择

煤中不稳定的含硫基团受热时生成的气体主要为H_2S[151,152]。Bruinsma等[153]对苯硫醇热解过程的研究表明，苯硫醇的S—H键较易断裂。凌丽霞[154]选取了三种S迁移路径，研究表明苯硫醇热解S迁移过程，能量最低，最容易发生的是生成H_2S的路径。苯硫醇分解生成H_2S的可能路径有两条。

第一，比较苯硫醇键长(图5-1、图5-2)、键级可知，苯硫醇中C—S键最长，键级最小。所以苯硫醇分解生成H_2S的一条可能路径是发生C—S键的断裂，生成SH自由基。而煤微波加热过程中由于弱的R—H(R为烷基等)断裂会产生大量H自由基[155]。SH自由基和H自由基反应是无能量势垒的，极易发生，SH自由基和H自由基结合生成H_2S；同时苯基自由基也和H自由基结合生成苯，反应能为−116.2 kcal/mol，也是无能垒反应。反应路径见图 5-6,图中 TS1 为过渡态。

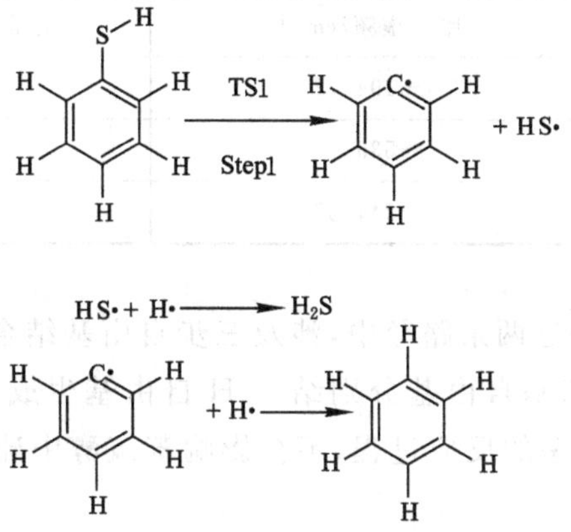

图 5-6 苯硫醇反应路径 1

第二,与 S 相连的 H 首先转移到和 S 相连的 C 上,随着 S—H 键断裂、C—H 键生成,经过渡态 TS2 生成中间体 IM2。此过程需要跨越 57.051 kcal/mol 的能量。接着 C—S 键断裂经 TS3 形成苯和 S 自由基,TS3 有唯一虚频 $-244.57\ cm^{-1}$,且虚频对应的振动为 C—S 键的伸缩振动,它对于反应物的能量为57.652 kcal/mol。S 自由基很活跃,容易结合微波辐照过程产生的 H 自由基而生成稳定的 H_2S。自由基结合是无能垒的过程,极易发生。具体反应过程如图 5-7 所示。

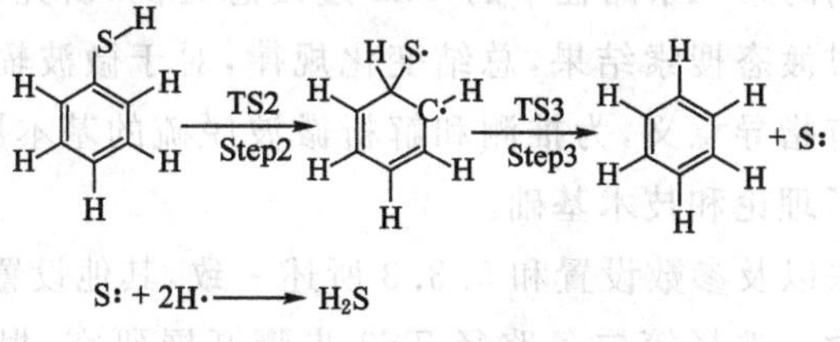

图 5-7 苯硫醇反应路径 2

5.4.3 最优反应路径判定

反应中各过渡态的唯一虚频及所需能量势垒总结在表 5-1 中。

表 5-1 反应中各过渡态的唯一虚频及所需能量势垒

路径	唯一虚频/cm^{-1}	能量势垒/(kcal/mol)
TS1	−194.12	81.212
TS2	−539.17	57.051
TS3	−244.57	57.652

在生成 H_2S 的这两条路径中，涉及三步自由基结合的反应，即 SH 自由基、S 自由基和苯基自由基分别结合 H 自由基生成 H_2S 和苯的过程。由于它们都是无能垒的反应过程，不会影响苯硫醇中硫的脱除，所以没有在表 5-1 中列出。

反应中存在唯一虚频，说明过渡态搜索是成功的，路径设置合理，存在合理过渡态。苯硫醇的 S 生成 H_2S 的两条路径中，第一条路径所经历的能量最高点发生在 TS1，相对于反应物的能量为 81.212 kcal/mol；而对于第二条路径，反应是经 C—S 键断裂生成 S 自由基，其所经历的能量最高点发生在 TS3，相对于反应物的能量为 57.652 kcal/mol。因此我们可以看出，能量最有利的路径为第二条路径，即苯硫醇生成 S 自由基，然后 S 自由基结合煤微波辐照受热产生的 H 自由基而生成 H_2S 的过程。

5.4.4 外加电场下的过渡态搜索

以能量有利的第二条路径中的 TS2 过渡态为例，研究外加电场、考虑溶剂化条件下过渡态搜索结果，总结变化规律，对于微波辐照条件及脱硫助剂的选择具有指导意义，为推测和解析微波脱硫的基本原理、优化微波脱硫条件提供了理论和技术基础。

加电场方法以及参数设置和 5.3.3 所述一致，其他设置与第二条路径过渡态搜索一致。选择第二条路径 TS2 步骤开展研究，根据常见微波反应装置场强范围（10^4～10^7 V/m），选取电场强度为 0 au、1×10^{-5} au、5×10^{-5} au、1×10^{-4} au、5×10^{-4} au、1×10^{-3} au、5×10^{-3} au、1×10^{-2} au、2×10^{-2} au，按照上述方法进行过渡态。所得过渡态虚频以及反应所需越过的能垒填入表 5-2 中。

表 5-2 反应中各过渡态的唯一虚频及所需能量势垒

外加电场强度/au	过渡态唯一虚频/cm^{-1}	反应能量势垒/(kcal/mol)
0	−539.17	57.051
1×10^{-5}	−1 260.31	24.981
5×10^{-5}	−1 260.51	24.900
1×10^{-4}	−1 248.70	23.411
5×10^{-4}	−1 275.39	23.438
1×10^{-3}	−1 285.13	23.499
5×10^{-3}	−1 294.54	25.942
1×10^{-2}	−1 322.57	27.316
2×10^{-2}	−1 253.00	31.223

根据表 5-2 可见，在引入外电场后反应过渡态的能垒出现大幅度降低，这就意味着外加能量场对反应是有利的，能够降低反应难度，加快反应速度；在外加电场强度为 1×10^{-4} au(5.2×10^{7} V/m)时，反应所需跨越的能量势垒最低，此时反应最容易发生。所以对于苯硫醇中含硫键脱除，可以考虑将微波设备调至该电场强度进行试验。

随着外加电场强度的增大，反应所需跨越的能量势垒在缓慢增大，其反应难度也在增大，在电场强度大于 0.02 au 后，计算出错，能量迭代不再收敛，可能此时已经不存在过渡态，该现象值得进一步研究。

5.4.5 考虑溶剂化效应下的过渡态搜索

在 DMol3 中可以使用似导体屏蔽模型 COSMO 来模拟一系列的溶剂。在 COSMO 中，溶质分子在具有给定介电常数的用来代替溶剂的连续绝缘介质中形成一个腔。近年来有很多学者[19-27]研究外加助剂下的微波脱硫实验，取得了很好的实验效果。但对于脱硫助剂的微观角度作用机理解释尚存在不足，在溶剂下开展过渡态搜索对于寻找更好的脱硫助剂以及从微观角度解释助剂脱硫作用原理具有一定意义。

参考文献[156]所给出的各类助剂介电常数，在 DMol3 中模拟一系列的溶剂，选择第二条路径 TS2 步骤，分别在水溶剂、盐溶液、有机溶剂、碱性溶剂、酸性溶剂下进行过渡态搜索。其他设置与第二条路径过渡态搜索一致。

所得过渡态唯一虚频以及反应所需越过的能量势垒见表 5-3。

表 5-3 反应中各过渡态的唯一虚频及所需能量势垒

外加溶剂/介电常数	过渡态唯一虚频/cm^{-1}	反应能量势垒/(kcal/mol)
无溶剂/0	−539.17	57.051
Water/78.54	−1 251.28	24.958
9.1%NaCl/37.1	−1 252.05	24.925
乙醇/24.3	−1 252.00	24.933
16.7%NaOH/19.7	−1 251.14	24.924
13%NaOH/38.39	−1 252.05	24.945
4.8%NaOH/57.09	−1 251.06	24.953
HCl 溶液/8	−1 255.06	25.290
H_2SO_4溶液/84	−1 251.36	24.959

根据表 5-3 数据可以看到,考虑溶剂化效应相对于无溶剂时反应能量势垒明显降低;随着溶剂的介电常数值增大,反应所需能量势垒增大。对于不同浓度的 NaOH 溶液,在一定范围内,浓度越大,介电常数越小,反应过渡态能垒越小,反应越容易。

5.4.6 电场和溶剂化效应协同作用下的过渡态搜索

选择第二条路径,参数设置中选择溶剂化效应同时设置外加电场,考察二者协同作用下,过渡态搜索的结果,所得过渡态唯一虚频以及反应所需越过的能量势垒见表 5-4。

表 5-4 反应中各过渡态的唯一虚频及所需能量势垒

外加溶剂/介电常数	外加电场强度/au	过渡态唯一虚频/cm^{-1}	反应能量势垒/(kcal/mol)
HCl 溶液/8	0.000 1	−1 197.02	23.800
	0.005	−1 332.17	26.345
	0.01	−1 375.49	28.950

表 5-4(续)

外加溶剂/介电常数	外加电场强度 /au	过渡态唯一虚频 /cm^{-1}	反应能量势垒 /(kcal/mol)
16.7%NaCl/19.7	0.000 1	−1 203.71	23.823
	0.005	−1 320.33	26.411
	0.01	−1 376.42	29.373
13%NaOH/38.39	0.000 1	−1 261.51	24.992
	0.005	−1 339.32	26.432
	0.01	−1 378.80	29.512
水/78.54	0.000 1	−1 254.99	25.003
	0.005	−1 340.66	26.455
	0.01	−1 376.99	29.566

所有条件下各过渡态都只存在唯一虚频，说明过渡态搜索是成功的。由表 5-2 至表 5-4 可见，在外加电场同时考虑溶剂化效应情况下，过渡态的反应能量势垒相对于无外加电场条件下的过渡态要低很多；同一溶剂下，电场强度越大，能量势垒越大；同一电场强度下，溶剂浓度越大，介电常数值越小，反应能量势垒越小。同时外加电场和溶剂效应协同作用与单独加电场相比，能量势垒数值差异不大；部分数据显示协同作用下反应能量反而更高一些。这一现象有待进一步研究。

5.5 本章小结

(1) 结构优化结果表明，模型化合物中 C—S 键键长较大，芳香族含硫模型化合物的 C—S 键较强；在芳香族含硫模型化合物中，处于环结构中的 C—S 键长度小于支链中的 C—S 键；支链和桥链的 C—S 键键级小于同一分子中 C—C 键；噻吩环中的 C—S 键键级大于非环中的 C—S 键键级；砜和亚砜中，S═O 键键级最大，最稳定。

(2) 在苯硫醇中，S 原子处 HOMO 伸展较大，是给电子的位置，S 原子易失去电子发生反应。二苯亚砜的亲电取代反应主要发生在 O 原子和苯环中的 C 原子上，S 原此时主要表现为获得电子。

（3）在外加电场下对反应物进行结构优化时发现，随着电场加入，反应物C—S键、S—H键、C—H键被拉长，其中C—S键变形最大。

（4）苯硫醇反应生成H_2S最有利的路径为苯硫醇生成S自由基，S自由基再结合煤微波辐照受热产生的H自由基而生成H_2S；其所经历的能量最高点发生在TS3，相对于反应物的能量为57.652 kcal/mol。

（5）引入外电场后反应过渡态的能垒出现大幅度降低，在外加电场强度为1×10^{-4} au（5.2×10^{7} V/m）时，反应所需跨越的能量势垒最低。随着外加电场强度的增大，反应所需跨越的能量势垒在缓慢增大。

（6）引入溶剂化效应时反应过渡态的能垒出现大幅度降低，随着所加溶剂的介电数值增大，反应能量势垒增大，在高浓度碱溶液中反应所需跨越能垒小，反应容易发生。

（7）外加电场和溶剂效应协同作用与单独外加电场相比，能量势垒数值差异不大，同一溶剂下，电场强度越大，能量势垒越大，同一电场强度下，溶剂浓度越大，介电常数值越小，反应能量势垒越小。

6 炼焦煤微波辐照脱硫试验研究

根据第4章煤样及模型化合物测试结果分析可知，在高频段(15～16 GHz)，煤样介电响应和微波损耗较大，同时在低频段(0.2～1.5 GHz)也存一定的微波吸收损耗峰值。目前，由于政策限制以及设备研究技术不足，目前还没有高频段以及可在很宽频率范围内进行调频的微波反应设备。本书在915 MHz、840 MHz以及2 450 MHz频率的微波反应设备中开展微波辐照实验，考察部分微波脱硫影响因素，并开展部分添加脱硫助剂的辐照试验，筛选合适脱硫助剂。

6.1 微波辐照脱硫影响因素研究

对我国山西地区典型高硫炼焦煤开展微波辐照实验。所用微波设备见2.7节所述，其中频率2 450 MHz微波设备为实验室购置的WD650B型微波反应器，915 MHz和840 MHz频率的微波设备由南京三乐电子信息产业集团有限公司提供。考察煤样粒度、水分、微波频率、微波功率、微波辐照时间等因素对微波脱硫效果的影响。

6.1.1 无机硫预先脱除

为考察微波对有机硫脱除效果，对原煤样进行无机硫预先脱除处理，原煤脱除无机硫的具体步骤为：取6 g原煤，放入250 mL的锥形瓶中，加入一定浓度的稀硝酸150 mL，将锥形瓶放入微波反应舱中，调节功率为280 W微波辐照30 min后，用真空抽滤装置抽滤，并用去离子水洗至中性，将滤饼放入烘箱中，调节烘箱的温度为105 ℃，在通风的环境下干燥5 h。表6-1是煤样脱除无机硫后的形态硫分析结果。

表 6-1　试验煤种脱无机硫后形态硫分析

煤样	总硫 $S_{t,ad}$/%	元素硫 $S_{s,ad}$/%	黄铁矿硫 $S_{p,ad}$/%	有机硫 $S_{o,ad}$/%
新峪	1.77	0.01	0.01	1.75
新阳	2.03	0.01	0.01	2.01
新柳	1.53	0.01	0.02	1.50

以下试验均以硝酸处理后的煤样作为试验样品，从表 6-1 可以看出，煤样经硝酸处理后，无机硫含量很低，可以认为无机硫已经完全脱除。

按照设置条件开展实验，按照 2.2.2 所述方法计算脱硫率。

6.1.2　煤样粒度对脱硫效果的影响

选取新峪脱无机硫精煤，实验室筛分得不同粒度级煤样，密封保存，在 915 MHz 微波反应器中开展微波辐照实验，微波功率为 5 kW，辐照 10 min。计算脱硫率，实验结果见表 6-2。

表 6-2　煤样粒度对脱硫效果的影响

煤样	粒度/mm	水分/%	频率/MHz	功率/kW	辐照时间/min	脱硫率/%
新峪	6～13	1.18	915	5	10	2.88
新峪	3～6	1.18	915	5	10	4.72
新峪	1～3	1.17	915	5	10	7.38
新峪	0.5～1	1.16	915	5	10	5.03
新峪	−0.5	1.18	915	5	10	4.11

煤样粒度是脱硫实验中一个重要的影响因素，大多数煤炭脱硫方法研究结果均表明：粒度越小，脱硫效果越好。这是因为一方面煤样破碎至粒度小时，煤中含硫组分解离充分，利于脱除；另外一方面随着煤样粒度减小，反应接触面积增大，反应更充分。而本研究中脱硫效果最好的煤样粒度为 1～3 mm，这是由于本实验为纯微波辐照，样品粒度过小不利于微波能的集中；而粒度过大时，微波能量无法穿透，也会降低脱硫效果。因此微波脱硫存在一个最佳粒度。实际生产中，微波辐照煤样应保证一定的粒度。

6.1.3 煤样水分对脱硫效果的影响

选取新峪脱无机硫精煤，破碎至0.2 mm，按照计划配置不同含水量煤样。配水采取喷雾法，向煤样喷水雾同时不断均匀搅拌。在样品进入反应设备同时取样测定含水量。设备频率为915 MHz，功率为5 kW，辐照10 min。实验结果见图6-1。

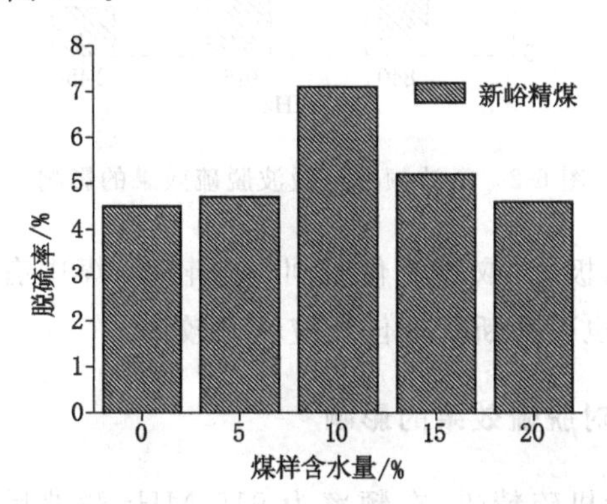

图6-1 煤样含水量对微波脱硫效果的影响

根据4.4.2中煤样水分对其介电性质影响的研究结果可以看出，在微波照射的过程中，由于水的极性比煤样极性强，煤中的水分有助于提高微波脱硫效率。但是水分含量较大时，又会由于吸收热量降低脱硫效率。新峪精煤水分含量为10%时的脱硫率最高，这和实际分选加工生产中煤样含水量较接近。

6.1.4 微波频率对脱硫效果的影响

选择新阳脱无机硫精煤，在频率分别为915 MHz、840 MHz、2 450 MHz微波反应设备中开展辐照脱硫实验。煤样粒度小于0.2 mm，水分为1.2%，辐照5 min(图6-2)。

由图6-2可见，对于新阳精煤，频率为840 MHz和915 MHz时微波辐照脱硫效果较好，且二者差别不大，而频率为2 450 MHz设备脱硫率很低。这一方面证实了煤中含硫结构对微波响应的选择性差异；另一方面也预示了低频段微波会有更好的脱硫效果，辐照频率为840 MHz的平均脱硫效果略优于915 MHz。根据4.5节分析可知，煤在微波段响应主要是

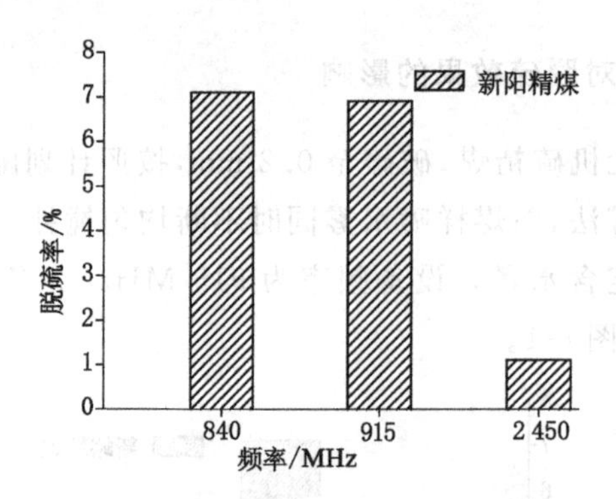

图 6-2　微波频率对微波脱硫效果的影响

电介质分子的取向极化,取向极化时间一般较长,煤中有机硫通常为复杂大分子结构,由此也可推断其最佳反应频率较低。

6.1.5　微波功率对脱硫效果的影响

选择新阳脱无机硫精煤,在频率为 915 MHz 微波反应设备中开展辐照脱硫实验。煤样粒度小于 0.2 mm,水分为 2%,辐照 5 min。功率选择 3 kW、5 kW、8 kW(图 6-3)。

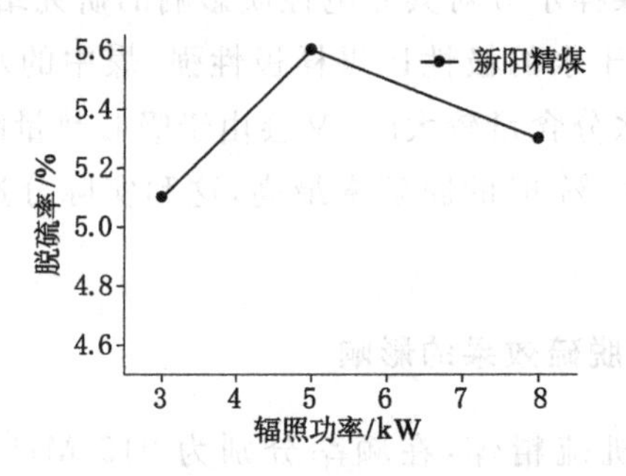

图 6-3　微波功率对微波脱硫效果的影响

随着功率增大,煤样脱硫率变化不大,新阳煤样最高脱硫率出现在辐照功率为 5 kW 时,为 5.6%。功率继续增大,脱硫率出现下降趋势。这可能是由于功率过大,煤样因受热发生了分解,导致其产率下降,脱硫率也降低。

6.1.6 微波辐照时间对脱硫效果的影响

选择新阳脱无机硫精煤，在频率为 915 MHz 微波反应设备中开展辐照脱硫实验。煤样粒度小于 0.2 mm，水分为 2%，功率为 5 kW。时间选择 1 min、3 min、5 min、10 min 和 20 min(图 6-4)。

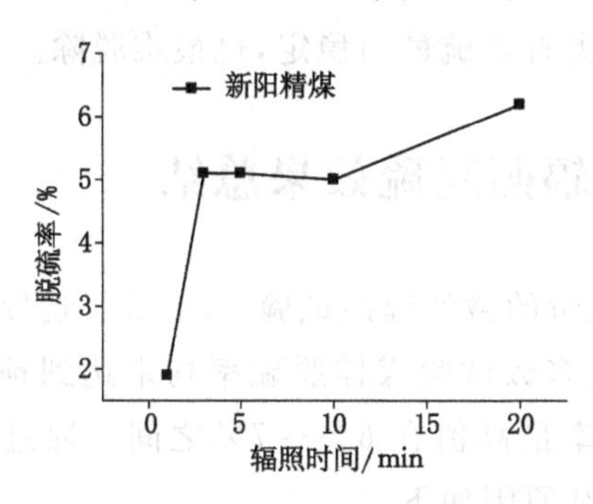

图 6-4 微波辐照时间对脱硫率的影响

从图 6-4 中可以看出，微波辐照时间对煤中硫的脱除有较大影响：随着辐照时间的延长，煤中硫的脱除率呈上升趋势，辐照时间在 5 min 后稍稍下降，20 min 时煤样出现着火现象。

6.2 微波辐照前后煤中有机硫相对含量变化

对 840 MHz 微波辐照前后煤样进行 XPS 测试分析，考察去其有机硫相对含量变化情况，XPS 数据拟合方法见 2.3.4，具体分析结果见表 6-3。

表 6-3 微波辐照前后煤中有机硫相对含量

样　品	(亚)砜含量/%	噻吩含量/%	硫醇(醚)含量/%
新峪煤辐照前	30.71	32.21	37.08
新峪煤辐照后	32.31	43.55	26.14
新阳煤辐照前	28.34	68.74	2.88
新阳煤辐照后	29.05	69.28	1.67
新柳煤辐照前	32.20	56.89	10.91
新柳煤辐照后	33.08	64.43	2.49

表6-3中数据均为各有机硫含量相对百分比,故出现含量增大的数值,其净含量值是降低的。

根据表6-3的测试结果,在840 MHz微波辐照后,三种有机硫的相对含量都发生了变化。其中,硫醇(醚)类硫含量降低明显,说明煤中硫醇(醚)能被脱除,这与族组分分析的结果一致。而三种煤中噻吩类硫相对含量增加,证明了噻吩类有机硫最为稳定,也最难脱除。

6.3 单纯微波辐照脱硫效果总结

课题组开展了大量的微波辐照试验,6.1节仅选取部分效果较好的数据总结影响规律。大多数试验煤样脱硫率均未达到预期效果。脱硫率整体较低,有机硫脱硫率最高值在6%~7%之间。通过对煤样含硫结构及实验条件的分析,总结原因如下:

(1) 煤中各种有机硫赋存形式中,噻吩类有机硫最为稳定,也最难脱除。而煤样中噻吩硫含量较高,这应该是煤中有机硫脱除效果不佳的原因之一。

(2) 现有的微波脱硫装置对脱硫效果的影响因素较多,如微波场强分布、微波传输损耗、辐射形式等,因此,探索并掌握最为合适的微波实验条件是提高脱硫率的关键,也是下一步开展微波脱硫研究的重点。

(3) 煤中含硫组分含硫键断裂后可能以自由基形式存在,S迁移途径有待研究,不能及时迁移转化的含硫组分在外加能量停止时会重新生成难脱除的有机物。脱硫产物如何稳定分离,也是下一步亟待解决的问题。

6.4 外加助剂辅助微波脱硫试验

6.4.1 冰醋酸和过氧化氢的配比对脱硫率的影响

为了解氧化剂对原煤中有机硫的脱除影响,选择冰醋酸和过氧化氢做氧化剂,开展以下实验。每次选取新峪和新柳脱无机硫精煤样3 g,加入不同配比的HAC和H_2O_2溶液(以HAC和H_2O_2体积比计算)50 mL,在微波频率为2 450 MHz、功率为260 W的微波反应器中辐照10 min。将辐照后的煤样用真空抽滤装置抽滤，并用去离子水洗涤至中性，将滤饼放入烘箱中在 105 ℃下烘干 5 h 后，在干燥器中冷却至室温后测定含硫量，按照 2.2.2 所述计算脱硫率。实验结果如图 6-5 所示，横坐标为 $V(HAC):V(H_2O_2)$ 的值，纵坐标为脱硫率。

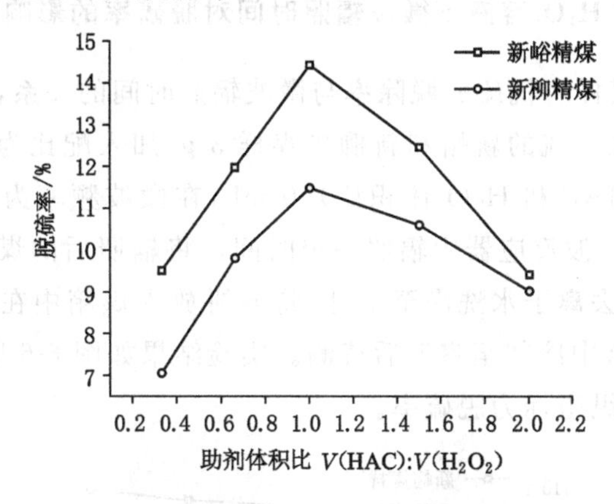

图 6-5　冰醋酸和双氧水的配比对脱硫率的影响

从图 6-5 中可以看出，随着 HAC 和 H_2O_2 的配比增加，煤样有机硫的脱除率不断增加，新峪和新柳煤样在助剂配比为 1∶1 的时候脱硫率均达到最大值，但是随着配比的继续增加，脱硫率开始逐渐下降。其中新柳煤样有机硫脱硫率最好值为 11.3%，新峪煤样有机硫脱硫率最好值为 15%左右。

相对于不加助剂辐照脱硫，HAC 和 H_2O_2 混合助剂的加入大大提高了脱硫率，这是因为 HAC 和 H_2O_2 混合生成过氧乙酸，过氧乙酸在酸性条件下会电离出 OH^+，OH^+ 具有极强的亲电子性。而硫原子常以负二价的形态存在于煤中复杂的有机物中，负电性较强，可与 OH^+ 反应，生成可溶性的硫化物。在这个氧化反应体系中离子基本上都是极性的，而由于微波的非热效应，一方面能使 OH^+ 的生成速率加快，另一方面也能促进煤中的 C—S 键的断裂，另外由于微波的热效应，反应体系升温较快，从而加快了脱硫速率，提高了脱硫效率。由于在酸性的反应体系中，起作用的是过氧乙酸（CH_3COOOH），在确定反应物量的情况下，生成过氧乙酸的量越多，反应效果越好，因此在 HAC 和 H_2O_2 的配比为1∶1 的时候脱硫率达到最好值。具体反应式如下：

$$CH_3COOH + H_2O_2 \longrightarrow CH_3COOOH + H_2O$$

$$CH_3COOOH + H^+ \longrightarrow CH_3COOH + OH^+$$

$$OH^+ + \text{有机硫} \longrightarrow \text{可溶性硫化物}$$

6.4.2 HAC和H_2O_2溶液下微波辐照时间对脱硫率的影响

为了研究煤样有机硫的脱除率与微波辐照时间的关系，进行了以下实验。选取脱除无机硫的新峪和新柳矿煤样 3 g，加入配比为 1∶1 的 HAC 和 H_2O_2溶液（HAC 和 H_2O_2体积比）50 mL，在微波频率为 2 450 kHz、功率为 260 W 的微波反应器中辐照一定时间。将辐照后的煤样用真空抽滤装置抽滤，并用去离子水洗涤至中性，将滤饼放入烘箱中在 105 ℃下烘干 5 h后，在干燥器中冷却至室温后待测。实验结果如图 6-6 所示，横坐标为微波辐照时间，纵坐标为脱硫率。

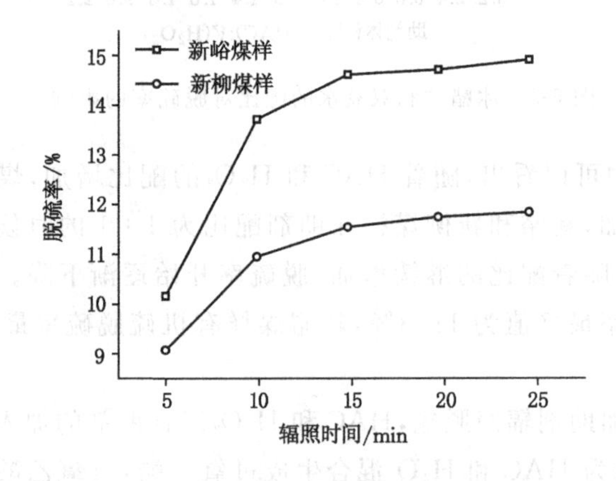

图 6-6　微波辐照时间对脱硫率的影响

从图 6-6 中可以看出，在一定范围内随着微波辐照时间的增加，煤样有机硫的脱除率也随之增加。在微波辐照时间超过 10 min 后脱硫率基本上不再变化而趋于稳定。新峪煤样有机硫脱硫率稳定在 14.5%左右，新柳煤样稳定在 11.4%左右。

随着微波辐照时间的增加，在反应过程中生成物会不断增加，由于生成效应，当反应达到某种程度的时候，生成的可溶性硫化物会继续反应，产生不溶性的硫化物。同时随着反应的进行，煤样中的硫不断减少，由于反应物的减少，反应速率也会因此降低，部分硫在此条件下无法完全脱除。

6.4.3 NaOH 浓度对脱硫率的影响

目前除了常用的 HAC 溶液和 H_2O_2 溶液混合作为氧化剂应用于微波脱硫实验中外，NaOH 溶液也作为常用助剂应用于微波脱硫实验中。本实验考察了两种不同的实验顺序下煤样的脱硫效果。

1. NaOH 溶液预先处理＋微波辐照

本实验采用先将新峪脱无机硫精煤在一定浓度的 NaOH 溶液中浸泡 2 h，然后用砂型漏斗过滤，将过滤后的煤样在微波频率为 2 450 MHz、功率为 260 W 的微波反应器中辐照 8 min。将辐照后的煤样用真空抽滤装置抽滤，并用去离子水洗涤至中性，将滤饼放入烘箱中在 105 ℃下烘干 5 h 后，在干燥器中冷却至室温后待测。实验结果如图 6-7 所示，横坐标为 NaOH 浓度，纵坐标为脱硫率。

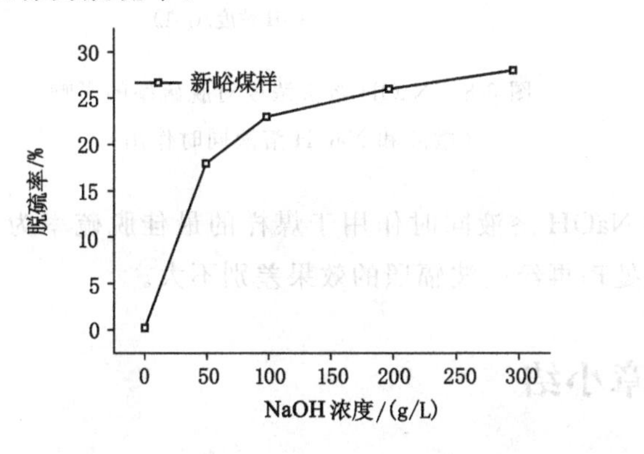

图 6-7　NaOH 溶液浓度对脱硫率的影响

（NaOH 溶液预先处理再微波辐照）

经一定浓度的 NaOH 溶液处理后的煤样脱硫率有明显的增加，随着浓度的增加，脱硫率也逐渐升高，当浓度大于 100 g/L 时脱硫率超过 20%。这与 5.4 节的研究结果一致，即随着溶剂的介电常数值增大，反应所需能量势垒增大。对于不同浓度的 NaOH 溶液，一定范围内，浓度越大，介电常数值越小，反应过渡态能量势垒越小，反应越容易。

2. 微波和 NaOH 溶液同时作用

本实验选取新峪脱无机硫精煤 6 g，加入一定浓度的 NaOH 溶液 100

mL,在微波频率为 2 450 MHz、功率为 260 W 的微波反应器中辐照 8 min。将辐照后的煤样用真空抽滤装置抽滤,并用去离子水洗涤至中性,将滤饼放入烘箱中在 105 ℃下烘干 5 h 后,在干燥器中冷却至室温后待测。实验结果如图 6-8 所示,横坐标为 NaOH 浓度,纵坐标为脱硫率。

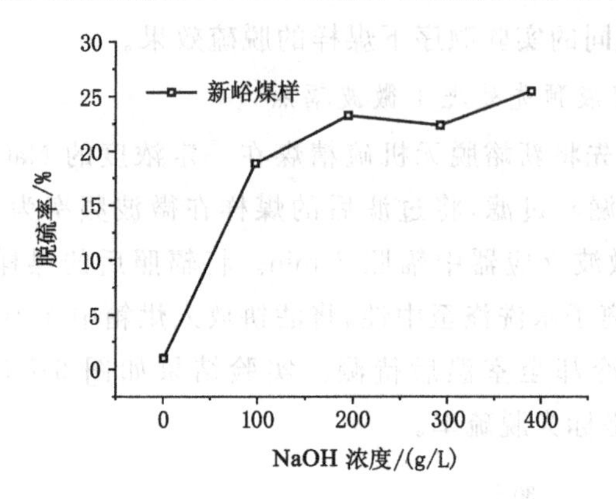

图 6-8　NaOH 溶液浓度对脱硫率的影响

(微波和 NaOH 溶液同时作用)

微波和 NaOH 溶液同时作用于煤样的最佳脱硫率为 25%,这和先用 NaOH 溶液处理再经微波辐照的效果差别不大。

6.5　本章小结

(1) 新峪煤样微波辐照脱硫率随粒度增大先增大后降低,本研究中脱硫效果最好的煤样粒度为 1~3 mm;新峪煤样水分含量为 10% 时的脱硫率最高。

(2) 对于新阳煤样,频率 840 MHz 和 915 MHz 微波辐照脱硫效果较好,且二者差别不大,脱硫效果均明显高于 2 450 MHz 频率设备;随着功率增大,煤样脱硫率变化不大,新阳煤样最高脱硫率出现在辐照功率为 5 kW 时,为 5.6%。功率继续增大,脱硫率出现下降趋势。微波辐照时间对煤中硫的脱除有较大影响,随着辐照时间的延长,煤中硫的脱除率呈增加趋势,但辐照时间过长(20 min),煤样会发生着火。

(3) 在 840 MHz 微波辐照后,煤样中三种有机硫的相对含量都发生了变化。其中，硫醇(醚)类硫相对百分含量降低明显，噻吩类硫相对百分含量增加，噻吩类有机硫最为稳定，也最难脱除。

(4) 随着 HAC 和 H_2O_2 配比增加，煤样有机硫的脱除率不断增加，新峪和新柳煤样在助剂配比为 1∶1 时脱硫率均达到最大值，但是随着配比的继续增加脱硫率开始逐渐下降。其中新柳煤样有机硫脱除率最好值为 11.3%，新峪煤样有机硫脱除率最好值为 15%左右。

(5) 经一定浓度的 NaOH 溶液处理后的煤样脱硫率有明显的增加，随着浓度的增加，脱硫率也逐渐升高，当浓度大于 100 g/L 时脱硫率超过 20%。先用碱溶液处理再加微波辐照与微波辐照和碱溶液同时作用于煤样脱硫效果相差不大。

7 主要结论、创新点与展望

7.1 主要结论

(1) 典型煤样中有机硫的主要赋存状态有硫醇硫醚类、噻吩类以及(亚)砜类。XPS测试分析结果表明,新峪煤中三类有机硫百分含量相差不大,新阳和新柳煤样中噻吩硫含量较高。随着密度增大,硫醇硫醚类含量呈下降趋势,噻吩类含量呈增加趋势,亚砜类呈先降低后增加趋势。

(2) 经硝酸酸洗加微波辐照处理,煤样无机硫几乎全部脱除,有机硫部分脱除,有机硫中硫醇硫醚类硫脱除效果最好,亚砜类次之,噻吩类硫脱除效果最差。

(3) 三种煤样介电性质差异较大,0.2~18 GHz频段内出现若干峰值。高岭石含量增加使得ε'、ε''均增大,方解石对介电性质基本没有影响,石英介于二者之间;ε''随粒度增大而降低;灰分高的煤样复介电常数实部高于灰分低的煤样;含水煤样复介电常数实部明显高于干燥煤样,煤中含硫组分能引起介质对微波吸收的差异。煤样介电性质差异决定于微观结构以及宏观组分。

(4) 含硫模型化合物在0.5~2 GHz、9~11 GHz频段对微波均有较强吸收峰值;含硫模型化合物和结构相似但不含硫的模型化合物介电性质随频率的变化有明显的不同,表明含硫键对微波具有较为明显的响应。

(5) 量子化学模拟发现:模型化合物中C—S键键长较长,芳香族含硫模型化合物的C—S键较强;处于环结构中的C—S键长度小于支链中的C—S键;S原子处HOMO轨道伸展较大,S原子易失去电子发生反应;随着电场加入,反应物C—S键、S—H键、C—H键被拉长,其中C—S键变形最大。

(6) 苯硫醇反应生成H_2S最有利的路径为苯硫醇生成S自由基,S自由基再结合煤微波辐照受热产生的H自由基而生成H_2S;其所经历的能量最高点发生在TS3,相对于反应物的能量为57.652 kcal/mol。加入外加电场后和引入溶剂化效应时反应过渡态的能垒出现大幅度降低,在外加电场强度为1×10^{-4} au(5.2×10^{7} V/m)时,反应所需跨越的能量势垒最低。在高浓度碱溶液中反应所需跨越能垒小,反应容易发生。

(7) 外加电场和溶剂效应同时作用与单独外加电场相比,能量势垒数值差异不大,同一溶剂下,电场强度越大,能量势垒越大,同一电场强度下,溶剂浓度越大,介电常数值越小,反应能量势垒越小。

(8) 新峪煤样微波辐照脱硫率随粒度增大先增大后降低,本研究中脱硫效果最好的煤样粒度为1~3 mm;新峪煤样水分含量为10%时的脱硫率最高。

(9) 对于新阳煤样,频率840 MHz和915 MHz微波辐照脱硫效果较好,且二者差别不大,脱硫效果均明显高于2 450 MHz频率设备;随着功率增大,煤样脱硫率变化不大,新阳煤样最高脱硫率出现在辐照功率为5 kW时,为5.6%。功率继续增大,脱硫率出现下降趋势。微波辐照时间对煤中硫的脱除有较大影响,随着辐照时间的延长,煤中硫的脱除率呈增加趋势,但辐照时间过长(20 min),煤样会发生着火。

(10) 在840 MHz微波辐照后,煤样中三种有机硫的相对含量都发生了变化。其中,硫醇(醚)类硫相对百分含量降低明显,噻吩类硫相对百分含量增加,噻吩类有机硫最为稳定,也最难脱除。

(11) 随着HAC和H_2O_2的配比增加,煤样有机硫的脱除率不断增加,新峪和新柳煤样在助剂配比为1∶1时脱硫率均达到最大值,新柳煤样有机硫脱除率最好值为11.3%,新峪煤样有机硫脱除率最好值为15%左右;当NaOH溶液浓度大于100 g/L时脱硫率超过20%,随着NaOH浓度的增加脱硫率不断上升,上升速率逐渐降低。先用碱溶液处理再加微波辐照与微波辐照和碱溶液同时作用于煤样脱硫效果相差不大。

7.2 主要特点与创新之处

(1) 宏观上从炼焦煤及模型化合物介电性质研究入手,利用传输反射法测定炼焦煤和含硫模型化合物在不同微波频段下的等效复介电常数,总结变化规律,获取最佳响应频率点,以指导微波脱硫条件选择。

(2) 微观上将试验研究、量子力学计算相结合,预测弱键位置,搜索反应过渡态,确定最佳反应路径;通过模型化合物开展替代研究,从分子角度揭示有机含硫键对外加微波能量的化学物理响应规律,实现对煤脱硫效果的理论解析。

7.3 存在问题及展望

目前的研究中存在的不足以及今后研究的展望有以下几点:

(1) 煤炭介电性质研究对于微波脱硫条件选择具有指导意义,但微波脱硫是一个动态变温过程,书中关于介电性质的研究均在常温下完成,建议下一步开展变温过程煤样介电性质测试,更好地总结煤样介电性质动态变化规律,指导生产实际。

(2) 随着量子化学计算方法和计算机技术的进步,量子化学模拟将成为重要的研究手段,书中仅对模型化合物开展了量子力学计算,预测断键位置,确定最佳反应路径。建议下一步以煤的大分子模型为研究对象,开展模拟计算使得模拟研究更接近实际研究对象。

(3) 煤中含硫组分含硫键断裂后可能以自由基形式存在,S迁移途径有待研究,不能及时迁移转化的含硫组分在外加能量停止时会重新生成难脱除的有机物。脱硫产物如何稳定分离,也是下一步亟待解决的问题。

(4) 由于炼焦煤的特殊工业用途,对其炼焦性有特定要求,微波辐照脱硫后炼焦煤性质变化也应该作为研究内容进一步开展。

(5) 目前微波设备研制、微波传输效率研究方面存在一定局限,频率可重构微波设备的研发、煤脱硫过程中微波能量的传输、非均匀介质与空气界面反射透射、非均匀介质内传输损耗等也应该是以后工作可以深入的方面。

参考文献

[1] 国家统计局. 中华人民共和国2020年国民经济和社会发展统计公报[M]. 北京:中国统计出版社,2021.

[2] 李丽英. 我国炼焦煤产业供需形势及发展对策研究[J]. 煤炭工程,2018,50(4):141-143.

[3] 蔡川川. 高有机硫炼焦煤对微波响应规律研究[D]. 淮南:安徽理工大学,2013.

[4] 张鹏奇. 高硫煤微波辐照过程中有机硫的转变与迁移机理研究[D]. 重庆:重庆大学,2017.

[5] 黄充,张军营,陈俊,等. 煤中噻吩型有机硫热解机理的量子化学研究[J]. 煤炭转化,2005,28(2):33-35.

[6] 张军,解强,李兰亭,等. 微波技术用于煤炭燃前脱硫的综述[J]. 煤炭加工与综合利用,2007(2):43-46.

[7] MARLAND S, MERCHANT A, ROWSON N. Dielectric properties of coal[J]. Fuel,2001,80(13):1839-1849.

[8] 黄文辉,杨起,唐修义,等. 中国炼焦煤资源分布特点与深部资源潜力分析[J]. 中国煤炭地质,2010,22(5):1-6.

[9] 前瞻数据库. 2020年全年中国焦炭行业产量规模及出口贸易情况[EB/OL]. [2021-03-16]. https://d.qianzhan.com/xnews/detail/541/210316-a13bd87a.html.

[10] 黄孝文,郭占成. 焦炉煤气循环干熄焦及焦炭脱硫[J]. 过程工程学报,2005,5(6):621-625.

[11] 张晋玲. 高有机硫焦煤与高挥发分烟煤共热解过程中硫的迁移行为[D]. 太原:太原理工大学,2014.

[12] ZAVITSANOS P D, BLEILER K W. Process for coal desulfurization: US4076607[P]. 1978-02-28.

[13] 魏蕊娣. 微波联合超声波强化氧化脱除煤中硫[D]. 太原:太原理工大

学,2011.

[14] 赵景联,张银元,陈庆云,等.冰醋酸-过氧化氢氧化法脱除煤中有机硫的研究[J].化工环保,2002,22(5):249-253.

[15] 赵景联,张银元,王洪武,等.四氯乙烯溶剂法脱除煤中有机硫的研究[J].煤炭转化,2002,25(1):48-51.

[16] 张东晨.煤炭微生物脱硫技术的研究与发展[J].洁净煤技术,2005,11(2):50-54.

[17] GIUNTINI J C,ZANCHETTA J V,DIABY S. Characterization of coals by the study of complex permittivity[J]. Fuel,1987,66(2):179-184.

[18] USLU T, ATALAY Ü. Microwave heating of coal for enhanced magnetic removal of pyrite[J]. Fuel Processing Technology,2004,85(1):21-29.

[19] 翁斯灏,王杰.微波辐照增强原煤磁分离脱硫机理探讨[J].燃料化学学报,1992,20(4):368-374.

[20] 翁斯灏.用穆斯堡尔方法研究辐照时间对原煤微波-磁脱硫的影响[J].核技术,1994,17(7):437-442.

[21] 翁斯灏.烟煤中黄铁矿夹杂物的原位微波化学反应[J].华东师范大学学报(自然科学版),1996(3):46-51.

[22] 尹义斌.浅谈煤炭的微波脱硫[J].选煤技术,2003(4):54-55.

[23] 丁乃东,傅家伟,李兆鑫,等.微波驱动的煤炭脱硫研究[J].洁净煤技术,2010,16(4):49-52.

[24] KIRKBRIDE C G. Sulphur removal from coal :US123230[P]. 1978.

[25] ROWSON N A,RICE N M. Magnetic enhancement of pyrite by caustic microwave treatment [J]. Minerals Engineering, 1990, 3 (3/4): 355-361.

[26] WENG S H, WANG J. Exploration on the mechanism of coal desulfurization using microwave irradiation/acid washing method[J]. Fuel Processing Technology,1992,31(3):233-240.

[27] FERRANDO A C, ANDRÉS J M, MEMBRADO L. Coal desulphurization with hydroiodic acid and microwaves[J]. Coal Science and Technology,1995,24:1729-1732.

[28] ZAVITSANOS P D, BLEILER K W, GOLDEN J A. Coal desulfurization using alkali metal or alkaline earth compounds and electromagnetic irradiation：US4152120[P]. 1979-05-01.

[29] HAYASHI J I, OKU K, KUSAKABE K, et al. The role of microwave irradiation in coal desulphurization with molten caustics[J]. Fuel, 1990, 69(6)：739-742.

[30] JORJANI E, REZAI B, VOSSOUGHI M, et al. Desulfurization of Tabas coal with microwave irradiation/peroxyacetic acid washing at 25, 55 and 85 ℃[J]. Fuel, 2004, 83(7/8)：943-949.

[31] CHEHREH C S, JORJANI E. Microwave irradiation pretreatment and peroxyacetic acid desulfurization of coal and application of GRNN simultaneous predictor[J]. Fuel, 2011, 90(11)：3156-3163.

[32] WAANDERS F B, MOHAMED W, WAGNER N J. Changes of pyrite and pyrrhotite in coal upon microwave treatment[J]. Journal of Physics：Conference Series, 2010.

[33] 杨笺康，任皆利. 煤微波脱硫及其与试样介电性质的关系[J]. 华东化工学院学报，1988，14(6)：713-718.

[34] 赵庆玲，郑晋梅. 煤的微波脱硫[J]. 煤炭转化，1996，19(3)：9-13.

[35] 赵爱武. 煤的微波辅助脱硫试验研究[J]. 煤炭科学技术，2002，30(3)：45-46.

[36] 程荣，丘纪华. 穆斯堡尔谱在煤粉微波脱硫试验分析中的应用[J]. 环境工程，2002，20(2)：34-36.

[37] 赵景联，张银元，陈庆云，等. 微波辐射氧化法联合脱除煤中有机硫的研究[J]. 微波学报，2002，18(2)：80-84.

[38] 盛宇航，陶秀祥，许宁. 煤炭微波脱硫影响因素的试验研究[J]. 中国煤炭，2012，38(4)：80-82.

[39] 罗道成，汪威. 微波预处理和硫酸铁氧化联合脱硫[J]. 矿业工程研究，2013，28(2)：70-74.

[40] 李洪彪，蔡秀凡. 微波辐照下煤的电化学脱硫研究[J]. 燃料与化工，2012，43(3)：6-8.

[41] 米杰，任军，王建成，等. 超声波和微波联合加强氧化脱除煤中有机硫

[J]. 煤炭学报,2008,33(4):435-438.

[42] 韩玥. 不同脱硫剂脱除煤中硫的研究[J]. 煤炭转化,2010,33(3):56-58.

[43] 杨永清,崔林燕,米杰. 超声波和微波辐射下萃取煤的有机硫形态分析[J]. 煤炭转化,2006,29(2):8-11.

[44] 王建成,鲍卫仁,米杰,等. 煤中硫的超声波和微波辐射脱除[J]. 太原理工大学学报,2003,34(6):744-746.

[45] 魏蕊娣,米杰. 微波氧化脱除煤中有机硫[J]. 山西化工,2011,31(2):1-3.

[46] 朱东. 超声波和微波技术对煤浮选及脱硫效果的影响[D]. 淮南:安徽理工大学,2008.

[47] 程刚,王向东,蒋文举,等. 微波预处理和微生物联合煤炭脱硫技术初探[J]. 环境工程学报,2008(3):408-412.

[48] 叶云辉,王向东,蒋文举,等. 微波辅助白腐真菌煤炭脱硫试验研究[J]. 环境工程学报,2009,3(7):1303-1306.

[49] BŁAŻEWICZ S,ŚWIATKOWSKI A,TRZNADEL B J. The influence of heat treatment on activated carbon structure and porosity[J]. Carbon,1999,37(4):693-700.

[50] 江霞,蒋文举,朱晓帆,等. 微波辐照技术在活性炭脱硫中的应用[J]. 环境科学学报,2004,24(6):1098-1103.

[51] 赵毅,马宵颖,马双忱,等. 微波脱硫在燃煤电厂中的应用[J]. 中国电力,2007,40(2):58-62.

[52] 马双忱,姚娟娟,金鑫,等. 微波辐照活性炭床脱硫脱硝动力学研究[J]. 中国科学:技术科学,2011,41(9):1234-1239.

[53] 马双忱,金鑫,姚娟娟,等. 微波辐照活性炭脱硫脱硝过程中炭损失研究[J]. 煤炭学报,2011,36(7):1184-1188.

[54] 钟丽云,吴光前. 微波辐照活性炭烟气脱硫技术的研究状况与展望[J]. 能源环境保护,2008,22(4):1-4.

[55] 原永涛,张天敏,刘靖,等. 火电厂微波脱硫技术[J]. 吉林电力,2007,35(4):50-53.

[56] 王宏图,杜云贵,鲜学福,等. 地电场对煤中瓦斯渗流特性的影响[J].

重庆大学学报(自然科学版),2000,23(S1):22-24.

[57] 章新喜.微粉煤干法脱硫降灰的研究[D].徐州:中国矿业大学,1994.

[58] 冯秀梅,陈津,李宁,等.微波场中无烟煤和烟煤电磁性能研究[J].太原理工大学学报,2007,38(5):405-407.

[59] 褚建萍.煤化程度与其高压电选关系的研究[J].煤炭工程,2011,43(7):100-101.

[60] 徐龙君,鲜学福,李晓红,等.交变电场下白皎煤介电常数的实验研究[J].重庆大学学报(自然科学版),1998,21(3):6-10.

[61] MISRA M, KUMAR S, CHATTERJEE I. Flotability and dielectric characterization of the intrinsic moisture of coals of different ranks[J]. Coal Preparation,1991,9(3/4):131-140.

[62] MARLAND S, MERCHANT A, ROWSON N. Dielectric properties of coal[J]. Fuel,2001,80(13):1839-1849.

[63] BALANIS C A, SHEPARD P W, TING F T C, et al. Anisotropic electrical properties of coal[J]. IEEE Transactions on Geoscience and Remote Sensing,1980,GE-18(3):250-256.

[64] GIUNTINI J C, ZANCHETTA J V, DIABY S. Characterization of coals by the study of complex permittivity[J]. Fuel,1987,66(2):179-184.

[65] BRACH I, GIUNTINI J C, ZANCHETTA J V. Real part of the permittivity of coals and their rank[J]. Fuel,1994,73(5):738-741.

[66] 吕绍林,何继善.瓦斯突出煤层的无线电波响应特征[J].物探与化探,1998,22(3):222-226.

[67] 何继善.电法勘探的发展和展望[J].地球物理学报,1997,40(S1):308-316.

[68] 孟磊.煤电性参数的实验研究[D].焦作:河南理工大学,2010.

[69] WANG Y G, WEI J P, YANG S. Experimental research on electrical parameters variation of loaded coal[J]. Procedia Engineering,2011,26:890-897.

[70] 万琼芝.煤的电阻率和相对介电常数[J].煤矿安全技术,1982,9(1):17-24.

[71] 徐宏武.煤层电性参数测试及其与煤岩特性关系的研究[J].煤炭科学技术,2005,33(3):42-46.

[72] LI X C,LIU W B,NIE B S,et al. Experimental study on the impact of temperature on coal electric parameter [J]. Advanced Materials Research,2012,524/525/526/527:431-435.

[73] PENG Z W, HWANG J Y, KIM B G, et al. Microwave absorption capability of high volatile bituminous coal during pyrolysis[J]. Energy & Fuels,2012,26(8):5146-5151.

[74] 肖金凯.矿物的成分和结构对其介电常数的影响[J].矿物学报,1985,5(4):331-337.

[75] 肖金凯.矿物和岩石的介电性质研究及其遥感意义[J].环境遥感,1988(2):135-146.

[76] 周良筑.煤和浸提剂的介电性质与煤炭微波脱硫的关系[J].贵州科学,1990,8(1):41-47.

[77] NELSON S O,FANSLOW G E,BLUHM D D. Frequency dependence of the dielectric properties of coal[J]. Journal of Microwave Power,1980,15(4):277-282.

[78] KELLER G V.勘探地球物理电磁学:第一卷理论[M].北京:地质出版社,1992.

[79] 高悦,杨国胜,王华,等.蒸馏水和NaCl溶液复介电常数的测量及修正[J].生物医学工程学杂志,2005,22(3):548-549.

[80] WANG Q Y,ZHANG X,GU F. Investigation on interior moisture distribution inducing dielectric anisotropy of coals[J]. Fuel Processing Technology,2008,89(6):633-641.

[81] HAKALA J A, STANCHINA W, SOONG Y, et al. Influence of frequency, grade, moisture and temperature on Green River oil shale dielectric properties and electromagnetic heating processes [J]. Fuel Processing Technology,2011,92(1):1-12.

[82] 王宝俊.煤结构与反应性的量子化学研究[D].太原:太原理工大学,2006.

[83] 孙庆雷,李文,陈皓侃,等.煤显微组分分子结构模型的量子化学研究

[J]. 燃料化学学报,2004,32(3):282-286.

[84] 陈念陔. 量子化学理论基础[M]. 哈尔滨:哈尔滨工业大学出版社,2002.

[85] 王宝俊,张玉贵,谢克昌. 量子化学计算在煤的结构与反应性研究中的应用[J]. 化工学报,2003,54(4):477-488.

[86] J A 波普尔,D L 贝弗里奇. 分子轨道近似方法理论[M]. 江元生,译. 北京:科学出版社,1976.

[87] 王宝俊,张玉贵,秦育红,等. 量子化学计算方法在煤反应性研究中的应用[J]. 煤炭转化,2003,26(1):1-7.

[88] MEMON H U R, WILLIAMS A, WILLIAMS P T. Shock tube pyrolysis of thiophene[J]. International Journal of Energy Research, 2003,27(3):225-239.

[89] 孙庆雷,李文,陈皓侃,等.煤显微组分分子结构模型的量子化学研究[J]. 燃料化学学报,2004,32(3):282-286.

[90] 侯新娟,杨建丽,李永旺. 煤大分子结构的量子化学研究[J]. 燃料化学学报,1999,27(S1):142-148.

[91] OLIVELLA S, SOLE A, GARCIA-RASO A. Ab initio calculations of the potential surface for the thermal decomposition of the phenoxyl radical[J]. The Journal of Physical Chemistry, 1995, 99(26): 10549-10556.

[92] 黄充,张军营,陈俊,等. 煤中噻吩型有机硫热解机理的量子化学研究[J]. 煤炭转化,2005,28(2):33-35.

[93] CULLIS C F, NORRIS A C. The pyrolysis of organic compounds under conditions of carbon formation[J]. Carbon,1972,10(5):525-537.

[94] MEMON H U R, WILLIAMS A, WILLIAMS P T. A shock tube study of pyrolysis of tetrahydrothiophene at elevated temperatures[J]. International Journal of Energy Research,2004,28(7):581-595.

[95] JOHNSON D E. Pyrolysis of benzenethiol[J]. Fuel, 1987, 66(2): 255-260.

[96] SHAGUN L G, PAPERNAYA L K, DERYAGINA E N, et al. The formation of diaryl sulfides in the pyrolysis of aromatic thiols[J].

Bulletin of the Academy of Sciences of the USSR Division of Chemical Science,1979,28(10):2213.

[97] 中华人民共和国国家质量监督检验检疫总局.煤中各种形态硫的测定方法:GB/T 215—2003[S].北京:中国标准出版社,2003.

[98] 郭沁林.X射线光电子能谱[J].物理,2007,36(5):405-410.

[99] 刘艳华,车得福,徐通模.利用X射线光电子能谱确定煤及其残焦中硫的形态[J].西安交通大学学报,2004,38(1):101-104.

[100] 胡林彦,张庆军,沈毅.X射线衍射分析的实验方法及其应用[J].河北理工学院学报,2004,26(3):83-86.

[101] HUTCHEON R M. A technique for rapid scoping measurement of RF properties up to 1 000 ℃ [J]. Electromagnetic Energy Reviews,1989(2):46.

[102] HUTCHEON R, DE JONG M, ADAMS F. A system for rapid measurements of RF and microwave properties up to 1 400 ℃. Part1: theoritical development of the cavity frequency-shift data analysis equations [J]. Journal of Microwave Power and Electromagnetic Energy,1992,27(2):87-92.

[103] CARTER R G. Accuracy of microwave cavity perturbation measurements [J]. IEEE Transactions on Microwave Theory and Techniques,2001,49(5):918-923.

[104] CULLEN A L. A new free-wave method for ferrite measurement at millimeter wavelengths[J]. Radio Science,1987,22(7):1168-1170.

[105] GHODGAONKAR D K,VARADAN V V,VARADAN V K. A free-space method for measurement of dielectric constants and loss tangents at microwave frequencies[J]. IEEE Transactions on Instrumentation and Measurement,1989,38(3):789-793.

[106] MUNOZ J,ROJO M,PARREFIO A,et al. Automatic measurement of permittivity and permeability at microwave frequencies using normal and oblique free-wave incidence with focused beam [J]. IEEE Transactions on Instrumentation and Measurement, 1998, 47 (4): 886-892.

[107] TAMYIS N, RAMLI A, GHODGAONKAR D K. Free space measurement of complex permittivity and complex permeability of magnetic materials using open circuit and short circuit method at microwave frequencies [C]//Student Conference on Research and Development, July 17-17, 2002, Shah Alam, Malaysia. IEEE, 2002: 394-398.

[108] NICOLSON A M, ROSS G F. Measurement of the intrinsic properties of materials by time-domain techniques [J]. IEEE Transactions on Instrumentation and Measurement, 1970, 19(4): 377-382.

[109] WEIR W B. Automatic measurement of complex dielectric constant and permeability at microwave frequencies [J]. Proceedings of the IEEE, 1974, 62(1): 33-36.

[110] HOOGENBOOM R, MEIER M A R, SCHUBERT U S. Combinatorial methods, automated synthesis and high-throughput screening in polymer research: past and present [J]. Macromolecular Rapid Communications, 2003, 24(1): 15-32.

[111] SCHMATLOCH S, MEIER M A R, SCHUBERT U S. Instrumentation for combinatorial and high-throughput polymer research: a short overview [J]. Macromolecular Rapid Communications, 2003, 24(1): 33-46.

[112] XIAO J J, FANG G Y, JI G F, et al. Simulation investigations in the binding energy and mechanical properties of HMX-based polymer-bonded explosives[J]. Chinese Science Bulletin, 2005, 50(1): 21-26.

[113] VAN HELDEN P, VAN STEEN E. Coadsorption of CO and H on Fe(100)[J]. The Journal of Physical Chemistry C, 2008, 112(42): 16505-16513.

[114] ANDZELM J, GOVIND N, FITZGERALD G, et al. DFT study of methanol conversion to hydrocarbons in a zeolite catalyst [J]. International Journal of Quantum Chemistry, 2003, 91(3): 467-473.

[115] GOVIND N, ANDZELM J, REINDEL K, et al. Zeolite-catalyzed hydrocarbon formation from methanol: density functional simulations

[J]. International Journal of Molecular Sciences, 2002, 3(4): 423-434.
[116] JORDAAN M, VAN HELDEN P, VAN SITTERT C G C E, et al. Experimental and DFT investigation of the 1-octene metathesis reaction mechanism with the Grubbs 1 precatalyst [J]. Journal of Molecular Catalysis A: Chemical, 2006, 254(1/2): 145-154.
[117] LEGOAS S B, COLUCI V R, BRAGA S F, et al. Molecular-dynamics simulations of carbon nanotubes as gigahertz oscillators [J]. Physical Review Letters, 2003, 90(5): 055504.
[118] GAO Y H, BANDO Y, LIU Z W, et al. Temperature measurement using a gallium-filled carbon nanotube nanothermometer [J]. Applied Physics Letters, 2003, 83(14): 2913-2915.
[119] 孟华平,赵炜,章日光,等. 半焦对富含甲烷气体转化制备合成气的作用(Ⅳ)理论分析半焦表面含氧官能团的催化机理[J]. 煤炭转化,2008,31(3):31-35.
[120] 章日光,黄伟,王宝俊. CH_4和CO_2合成乙酸中CO_2与·H及·CH_3相互作用的理论计算[J]. 催化学报,2007,28(7):641-645.
[121] 陈鹏. 用XPS研究兖州煤各显微组分中有机硫存在形态[J]. 燃料化学学报,1997,25(3):238-241.
[122] 代世峰,任德贻,宋建芳,等. 应用XPS研究镜煤中有机硫的存在形态[J]. 中国矿业大学学报,2002,31(3):225-228.
[123] 朱应军,郑明东. 炼焦用精煤中硫形态的XPS分析方法研究[J]. 选煤技术,2010(3):55-57.
[124] WU B, HU H Q, ZHAO Y P, et al. XPS analysis and combustibility of residues from two coals extraction with sub- and supercritical water [J]. Journal of Fuel Chemistry and Technology, 2009, 37(4): 385-392.
[125] 刘艳华,车得福,徐通模. 利用X射线光电子能谱确定煤及其残焦中硫的形态[J]. 西安交通大学学报,2004,38(1):101-104.
[126] 常海洲,王传格,曾凡桂,等. 不同还原程度煤显微组分组表面结构XPS对比分析[J]. 燃料化学学报,2006,34(4):389-394.
[127] BORAH D, BARUAH M K, HAQUE I. Oxidation of high sulphur

coal. Part 2. Desulphurisation of organic sulphur by hydrogen peroxide in presence of metal ions[J]. Fuel,2001,80(10):1475-1488.

[128] 中华人民共和国国家质量监督检验检疫总局,中国国家标准化管理委员会.煤炭浮沉试验方法:GB/T 478—2008[S].北京:中国标准出版社,2009.

[129] 齐翠翠,刘桂建,陈怡伟,等.煤中硫矿物及其在酸洗前后的变化[J].环境化学,2007,26(4):547-548.

[130] 李景德.电介质理论[M].北京:科学出版社,2003.

[131] 殷之文.电介质物理学[M].2版.北京:科学出版社,2003.

[132] 张季爽,申成.基础物理化学:下册[M].北京:科学出版社,2001.

[133] 黄煜镔,钱觉时,张建业.高铁粉煤灰建筑吸波材料研究[J].煤炭学报,2010,35(1):135-139.

[134] 李建欣.XRD全谱拟合精修对贵州煤中矿物质的定量研究[D].焦作:河南理工大学,2009.

[135] 徐龙君,鲜学福,李晓红,等.白皎煤及其充甲烷样品电极化特征的研究[J].燃料化学学报,1999,27(1):74-79.

[136] WANG J R, SCHMUGGE T J. An empirical model for the complex dielectric permittivity of soils as a function of water content[J]. IEEE Transactions on Geoscience and Remote Sensing,1980,GE-18(4):288-295.

[137] YAN J D, YANG J L, LIU Z Y. SH radical: the key intermediate in sulfur transformation during thermal processing of coal [J]. Environmental Science & Technology,2005,39(13):5043-5051.

[138] MULLENS S, YPERMAN J, REGGERS G, et al. A study of the reductive pyrolysis behaviour of sulphur model compounds[J]. Journal of Analytical and Applied Pyrolysis,2003,70(2):469-491.

[139] MAES I I, GRYGLEWICZ G, YPERMAN J, et al. Effect of siderite in coal on reductive pyrolytic analyses [J]. Fuel, 2000, 79 (15): 1873-1881.

[140] MAES I I, YPERMAN J, VAN DENRUL H, et al. Study of coal-derived pyrite and its conversion products using atmospheric pressure

temperature-programmed reduction (AP-TPR)[J]. Energy & Fuels, 1995,9(6):950-955.
[141] 凌丽霞.杂原子类煤结构模型化合物的热解及含硫化合物脱除的量子化学研究[D].太原:太原理工大学,2010.
[142] 赵孔双.介电谱方法及应用[M].北京:化学工业出版社,2008.
[143] 章新喜.微粉煤电选脱硫降灰[M].徐州:中国矿业大学出版社,2002.
[144] 高孟华,章新喜,陈清如.煤系伴生矿物介电常数和摩擦带电实验研究[J].中国矿业,2007,16(8):106-109.
[145] 周公度,段连运.结构化学基础[M].3版.北京:北京大学出版社,2002.
[146] STEINER E.分子波函数的确定和解释[M].潘道皑,钮泽富,译.上海:上海科学技术出版社,1983.
[147] 李军,冯杰,李文英.神府东胜煤镜质组和惰质组的热化学反应差异[J].物理化学学报,2009,25(7):1311-1319.
[148] 李军,冯杰,李文英,等.强弱还原煤聚集态对其可溶性影响的分子力学和分子动力学分析[J].物理化学学报,2008,24(12):2297-2303.
[149] 曾凡桂,贾建波.霍林河褐煤热解甲烷生成反应类型及动力学的热重-质谱实验与量子化学计算[J].物理化学学报,2009,25(6):1117-1124.
[150] 周世勋.量子力学教程[M].2版.北京:高等教育出版社,2009.
[151] 刘粉荣,郭慧卿,胡瑞生,等.含硫模型化合物在不同载体上的担载及其燃烧过程硫的释放行为[J].化工进展,2012,31(11):2570-2573.
[152] 孙林兵,倪中海,张丽芳,等.煤热解过程中氮、硫析出形态的研究进展[J].洁净煤技术,2002,8(3):47-50.
[153] BRUINSMA O S L, TROMP P J J, DESAUVAGENOLTING H J J, et al. Gas phase pyrolysis of coal-related aromatic compounds in a coiled tube flow reactor: 2. Heterocyclic compounds, their benzo and dibenzo derivatives[J]. Fuel, 1988, 67(3): 334-340.

[154] 凌丽霞. 杂原子类煤结构模型化合物的热解及含硫化合物脱除的量子化学研究[D]. 太原:太原理工大学,2010.

[155] REN Q Q, ZHAO C S, WU X, et al. Formation of NO_x precursors during wheat straw pyrolysis and gasification with O_2 and CO_2 [J]. Fuel,2010,89(5):1064-1069.

[156] 杨笺康,邬纫云,程秀秀. 煤的介电性质和脱硫的关系[J]. 化学世界,1983,24(6):184-185.